新・標準
プログラマーズ
ライブラリ

Pythonで学ぶ アルゴリズムとデータ構造 徹底理解

黒住敬之 Takayuki Kurozumi

技術評論社

はじめに

この本は、Pythonの基本的な文法を学習された方が次に読む本として書かれました。読者が基本的なアルゴリズムについて理解し、さらに与えられたアルゴリズムをPythonのコードで実装できるようになることを目標にしています。

Pythonとアルゴリズム

Pythonには標準でlist型やdict型といったデータ型や、ソートや探索といった便利なアルゴリズムがすでに実装されています。また、便利なライブラリも豊富に提供されています。このため、基本的な文法とライブラリの使い方を学習するだけでさまざまなことができるようになります。読者のなかにはすでにデータ変換や分析、Webアプリケーションといった実用的なコードを作成し、Pythonを活用されている方もいるかもしれません。こういったことから、Pythonを使う場合、アルゴリズムの勉強は不要という見方もあります。

ところが、ある程度複雑な問題をプログラミングで解決したい場合、初歩的な知識だけだと不十分な場合がでてきます。例えば、みなさんが抱えている問題に対応した機能、ライブラリがあるとは限りません。また、さまざまな実装方法、機能、ライブラリのなかから適したものを選んだり組み合わせたりする必要も出てくるかもしれません。こういった場合に必要となってくるのがプログラムの構造の理解です。

では、プログラムの構造とは何を指すのでしょうか？　さまざまな考え方があるのですが、重要なものとしてアルゴリズムとデータ構造が挙げられます。プログラムはアルゴリズムとデータ構造によって構成され、このふたつを理解することでプログラムの構造が理解でき、複雑な問題にも対応できるようになります。

本書には華々しいライブラリの使い方やキャッチーな技法は一切載っていませんが、プログラミングの基礎となる力をじっくりと身につけることができます。

本書の特徴と対象読者

本書はプログラミングの学習歴が浅い方でも挫折することなく学習を進められるようさまざまな工夫がなされています。例えば、各アルゴリズムの解説では必ず具体例を交えた解説をつけており、さらに掲載されたコードは実行すると途中経過が観察できるようになっています。学習を進めるうちに抽象的なアルゴリズムであっても具体的なイメージを持つことができるようになるでしょう。また、基本文法の範疇でも初学者がつまづきやすい部分については随時補足解説を掲載しています。初学者の方でも基本的なアルゴリズムをひととおり理解し、圧縮や構文解析といったある程度応用的なアルゴリズムの学習に挑戦できるようなレベルに到達できるよう構成されています。

さらに、単純なアルゴリズムの解説書にはない特徴があります。まず、アルゴリズムの理論だけではなく開発現場で使用されるテクニックや考え方が盛り込まれている、という点です。実際にコードを組む際にも役に立つ内容であるため、新人エンジニアの方やPythonを使い始めた若手エンジニアの方にもおすすめできます。

また、他の言語でも応用が効くよう基本的な構文のみで構成した記法も随時紹介しているため、副次的な効果として基本情報技術者試験や応用情報技術者試験といった情報処理技術者試験のアルゴリズム問題の学習の足がかりを得ることができます。試験対策の本ではないため本書だけでは対策として十分とは言えませんが、扱っている基本的な知識、テクニックはアルゴリズム問題を解く上で大いに役立つでしょう。各章末に理解度確認の問題も設けており、試験勉強の一助になると思います。

2024年2月

黒住敬之

本書を利用される方へ

本書の構成と学習の進め方

本書の章立ては、学術上の分類ではなく初学者の方でも理解しやすい順番で構成されています。このため、初めから順に読んでいくことをおすすめします。もっとも、読者ごとに前提知識の理解度は異なることがあります。難しいトピックについてはいったん飛ばして先に進み後から読み返してみるのもひとつの方法です。節ごとに難易度の目安を★で表わしていますので、適宜活用してください。

★：それほど難しくない	★★：やや難しい	★★★：難しい

また、学習前提の基本文法でも苦手とする方が多いトピックがあります。クラス、ジェネレーター、スライス構文などが挙げられるのではないでしょうか。第1章や巻末にこれらの補足解説を載せました。苦手な方は適宜参照しながら学習を進めてください。

章末のコラムについて

初学者の方はPythonで基本的なデータ構造やアルゴリズムを使うには本書で紹介したようなコードを実装しないといけない、と誤解されるかもしれません。ですが、実際にコードを組む際にはその必要はなく、Pythonには基本的なデータ構造の型やライブラリがあらかじめ用意されています。このため、章末のコラム「Technical Info」で、その章で紹介したデータ構造やアルゴリズムに対応したPythonの組み込み型やライブラリについて簡単に補足します。

本書を読むための注意点

本書を読む上でいくつか注意点があります。まず、本書はCPython、いわゆる普通のPython 3に準拠した内容となっています。

コードスタイルについて、Pythonの標準スタイルPEP8に準拠していない場合があります。例えば、要素数など強調のため変数名を大文字で記述することがあります。また、断りがない限りひとつのファイルで実行可能な内容となっています。このため、`if __name__=='__main__':`は省略して記述していますが、インポートして使用したい場合は適宜追記してください。

掲載サンプルコードはPython 3.11で動作確認しており、以下URLよりダウンロードできます。

サポートページURL　　https://gihyo.jp/rd/py-algo

CONTENTS

第5章 ソート ——— 107

第11章 さまざまなアルゴリズム ——— 283

付録 ——— 323

第 1 章

アルゴリズムの基礎

第1章では本格的なアルゴリズムの学習の前に、準備や肩慣らしのために簡単なアルゴリズムについて解説します。if文やfor文、while文といったPythonの文法で学んだ知識ばかりで退屈に感じるかもしれません。ですが、複雑なアルゴリズムを考える際、初学者が混乱しやすい部分でもあります。このため、簡単なアルゴリズムの解説に加え、今後の学習がスムーズに進められるよう、与えられたアルゴリズムをPythonで実装する際のテクニックや、アルゴリズム学習の全体像についても解説します。

難易度 ★★★

1-1 アルゴリズムとデータ構造

1-1-1 アルゴリズム

アルゴリズムとは、なんらかの問題を解決するためにコンピューターに実行させる処理の手順を明確に定義したものです。慣れや経験則、感覚を必要とするものは「明確に定義した」とは言えません。例えば、「いくつかの数字のなかから大きい数字を選び出す」という手順はアルゴリズムとは言えません。大きい、というのは感覚的であるため、コンピューターに実行させることができません。「100以上」や「一番大きい」といったように明確に定義する必要があります。

アルゴリズムが扱う問題は多岐にわたるのですが、代表的なものとして、順序付けられたデータを並び替えるソート、複数のデータのなかから目標のデータを取り出す探索が挙げられます。本書ではこれらに加え、情報処理技術者試験で扱われる基本的なもののなかから重要なものをピックアップして解説します。

1-1-2 データ構造

また、コンピューターで問題を解決する際、アルゴリズム以外にもうひとつ必要なものが**データ構造**です。その名のとおり、プログラムで処理をするデータがどういった構造になっているのかを指す用語です。アルゴリズムを考える際、適切なデータ構造も一緒に考える必要があるため、データ構造にも非常に多くの種類があります。本書では基本的なものとして、連結リスト、配列、スタック、キュー、連想配列、木構造、グラフ構造について解説します。

難易度 ★☆☆

1-2 基本的な処理フロー

プログラミングは基本的に順次、条件分岐、繰り返しの3つのフローから構成されます。この基本的なフローについて、フローチャートと呼ばれる図記号とあわせて解説します。

1-2-1 プログラミングのフローとフローチャート

プログラムは処理が流れるように進んでいくことから、一連の処理の順序をフローと呼びます。フローチャートは、このフローを以下のような図記号の組み合わせで表現したものです。

図 1-1

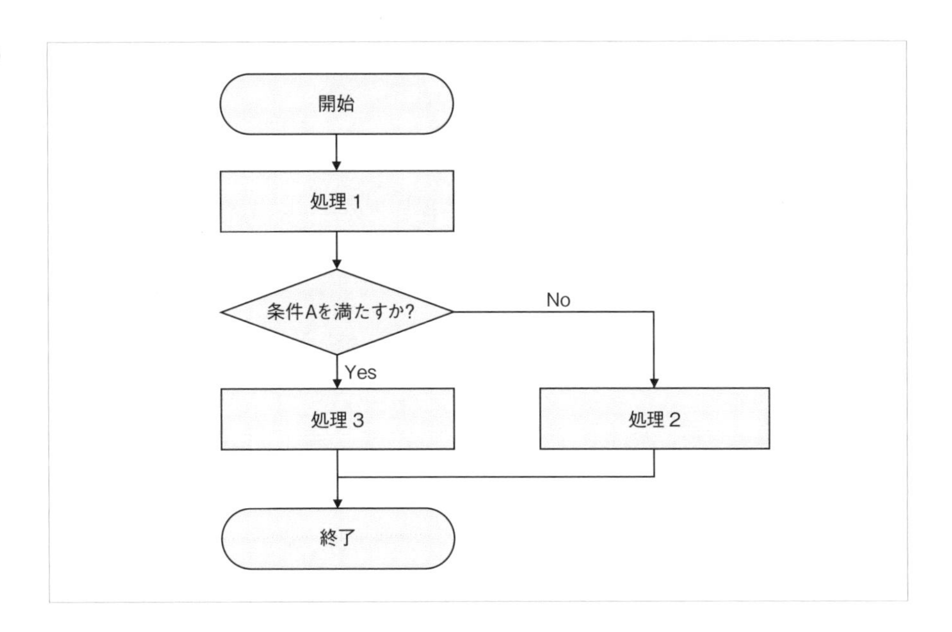

フローチャートの規格はいくつかあるのですが、本書では簡易的に以下のものを使用することにします。

図 1-2

図	名称	意味
 (角丸の図形)	端子	処理の開始 / 終了を表します
↓	矢印	処理の流れを表します
 処理	処理	単一の処理を表します
 条件	条件分岐	条件に応じた分岐を表します
 繰り返し条件	繰り返し	処理の繰り返しを表します

前述のとおり、プログラムの処理フローは「順次」、「条件分岐」、「繰り返し」の3種類から構成され、フローチャートはこの3つを表現することができます。それぞれのフローとPythonのコードを対比しつつ内容を確認していきましょう。

順次

処理が順番にひとつずつ実行されるフローを**順次**と呼びます。例えば、

1. 変数xに100を代入する
2. 変数yに200を代入する
3. xとyの合計を変数zに代入する
4. zの値を表示する

といった一連の処理を順番に行うような流れが挙げられます。Pythonコードでは以下のようになります。

コード 1-1

```
x = 100
y = 200
z = x + y
print(z)
```

この処理をフローチャートで表すと以下のようになります。

図 1-3

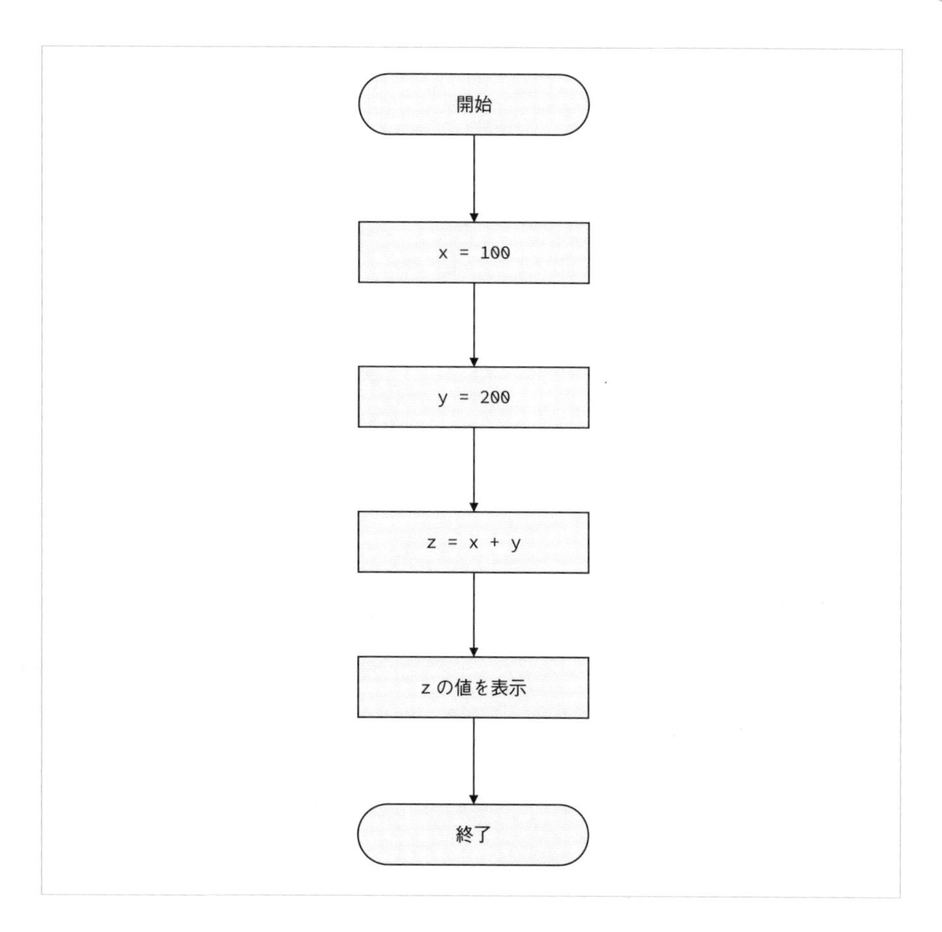

条件分岐

条件に応じて流れが分岐するフローを**条件分岐**と呼びます。例えば、以下のような処理手順が条件分岐になります。

1. 変数xに100を代入する
2. 変数xが0より大きい場合はメッセージ「xは正の数です」を表示する

この処理をフローチャートで表すと次ページのようになります。

図1-4

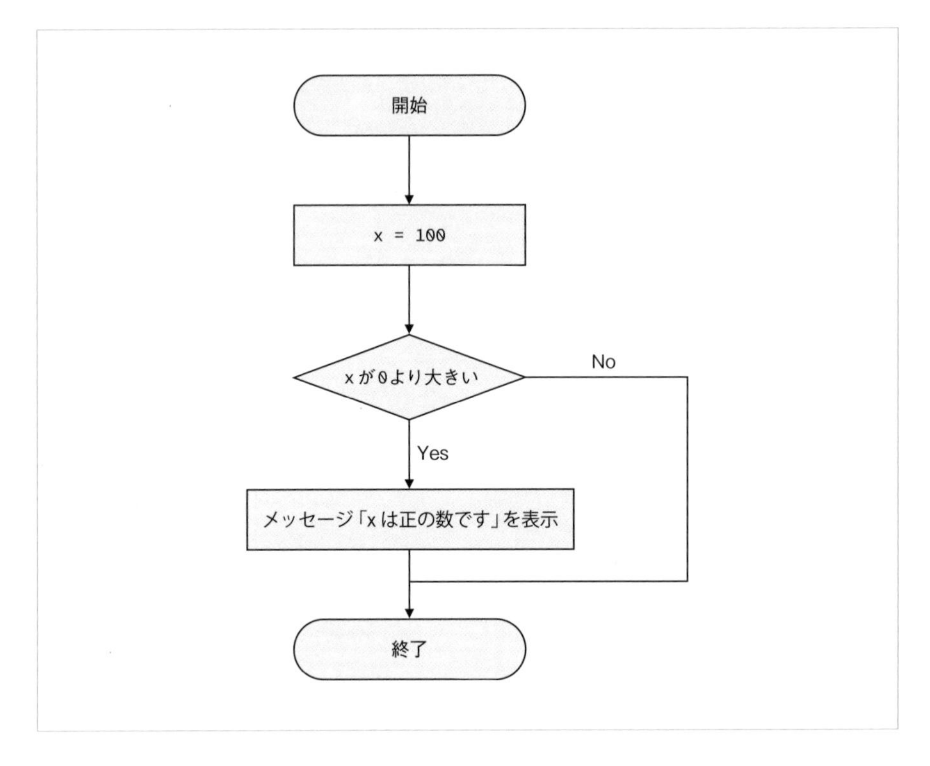

ひし形の内部に条件を、矢印に条件の真偽のYes/Noを記述します。Pythonコードではif文に相当し、以下のようになります。

コード1-2

```
x = 100
if 0 < x:
    print("xは正の数です")
```

上の例では条件が偽の場合に処理をスキップしていますが、偽の場合に処理が行われる場合も表現することができます。例えば、先ほどの処理が以下のようになった場合について考えてみます。

1. 変数xに100を代入する
2. 変数xが0より大きい場合はメッセージ「xは正の数です」
3. そうでない場合は「xは正の数ではありません」を表示する

この場合のフローチャートは、偽の場合の矢印の先にも処理を配置することになります。

図1-5

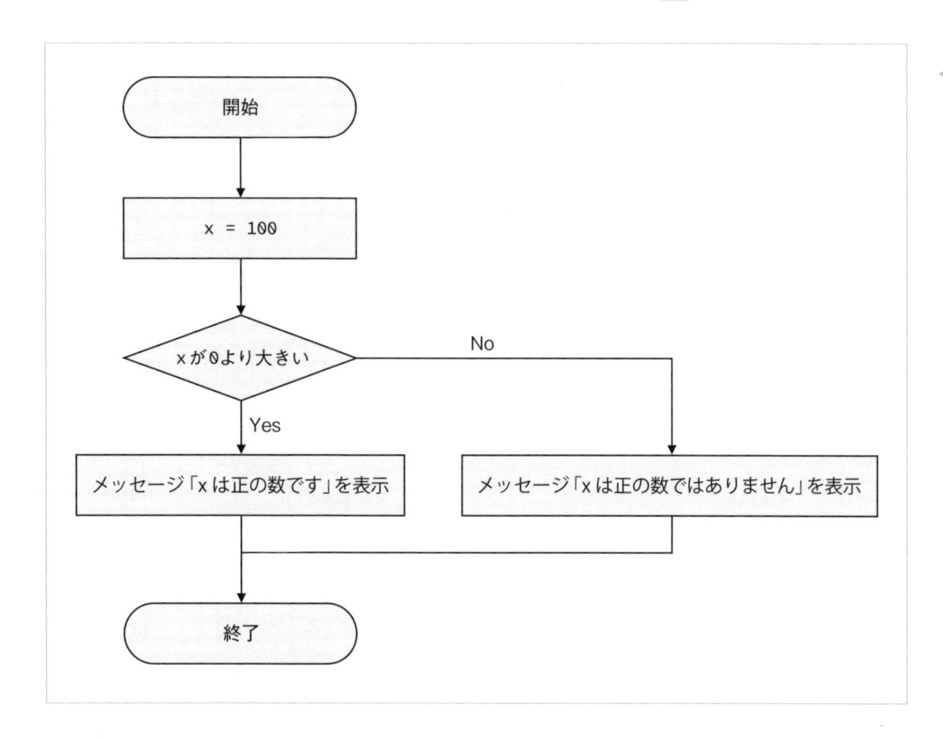

Pythonコードでは`if-else`に相当し、以下のようになります。

コード1-3

```
x = 100
if 0 < x:
    print("xは正の数です")
else:
    print("xは正の数ではありません")
```

繰り返し

繰り返し処理が行われるフローを**繰り返し**と呼びます。**ループ**と呼ぶ場合もあります。例として0から4までの数字を表示する場合のフローについて考えてみます。

1. 変数xに0を代入する
2. 変数xが5未満の間、以下の処理を実行する
    - xの値を表示する
    - xに1を加算する

フローチャートでループを表現する方法はいくつかあるのですが、一例として先ほどの条件分岐を使用して以下のような書き方ができます。

図1-6

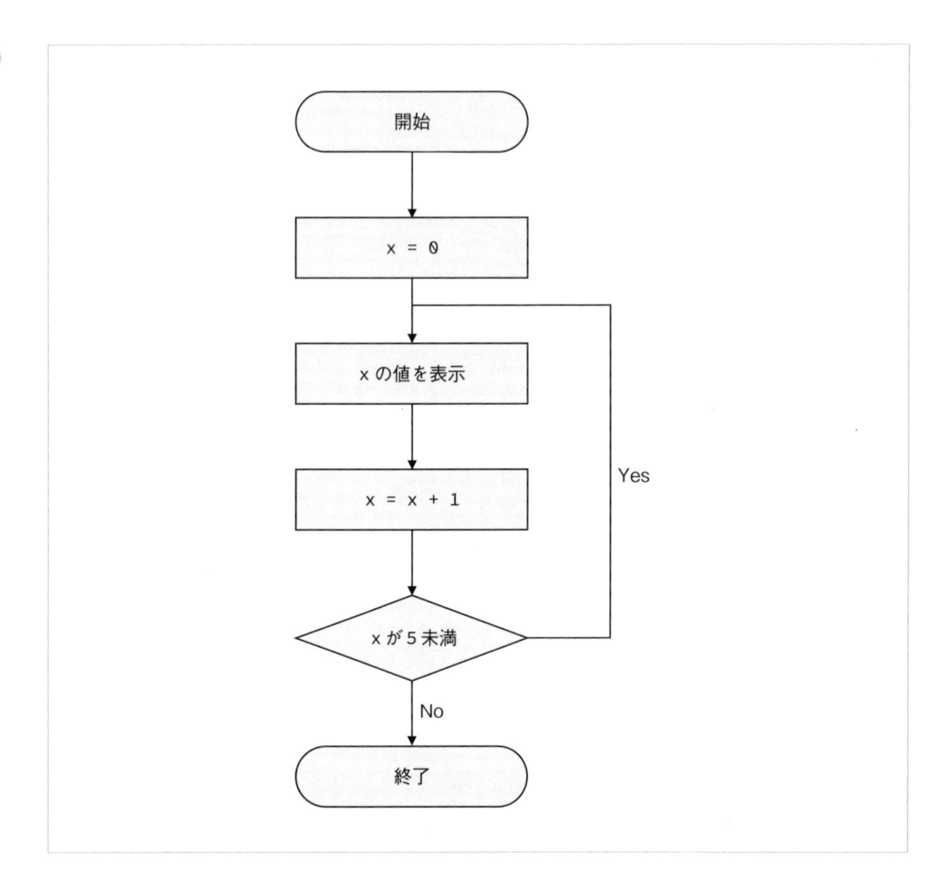

条件分岐で条件を満たすまで、処理が戻り繰り返し実行されます。Pythonコードではfor文やwhile文に相当します。以下は先ほどのフローチャートに対応するPythonコードの一例です。

コード1-4

```
x = 0
while x < 5:
    print(x)
    x = x + 1
```

また、台形でループ処理を表現する場合もあります。本書では、台形の内部にループ変数とその範囲を日本語で記述することにします。

図 1-7

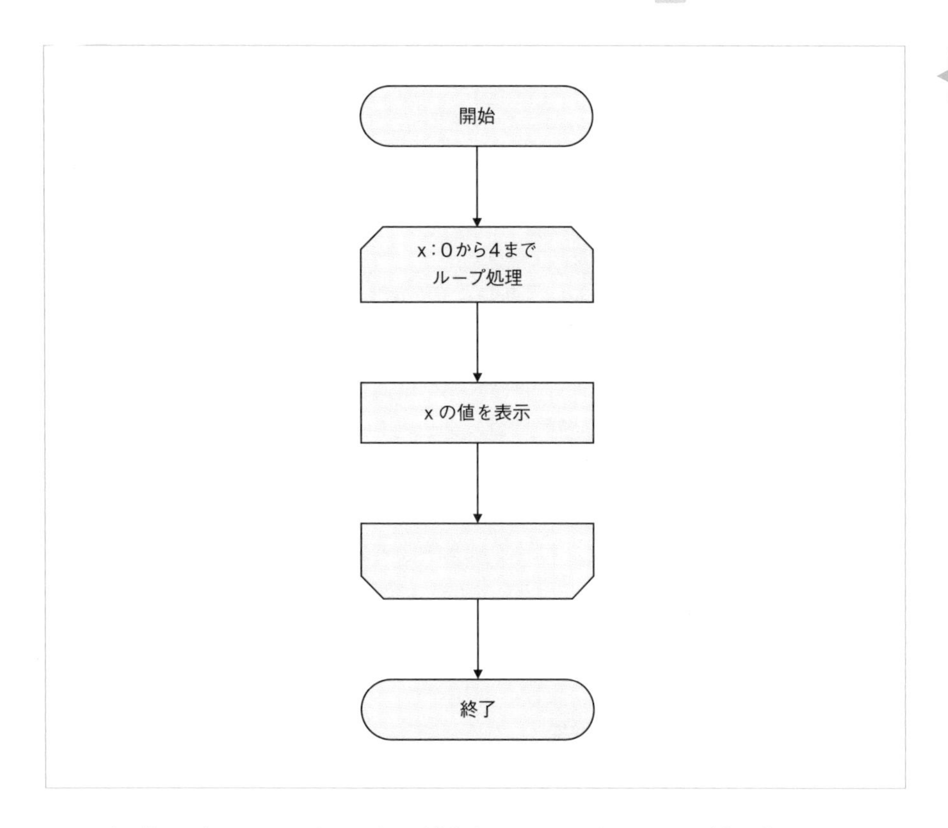

以下は先ほどのフローチャートに対応するPythonコードの一例です。

コード 1-5

```
for x in range(0, 5):
    print(x)
```

補足　フローチャートの問題点と使い道

ここまで解説したとおり、フローチャートで順次、条件分岐、繰り返しを表現することはできるのですが、任意のコードを表現できるわけではありません。また、フローチャートで記述したアルゴリズムが必ずしもそのままコードにできるわけでもありません。なぜならば、フローチャートの矢印は基本的にはどの部分に結合しても良いことになっているため、実際のプログラムとは異なり流れを自由に記述できるからです。ではまったく役に立たないかというとそうでもなく、処理の全体的な流れやピックアップした重要な部分の処理を表現する場合に活躍します。コードと完全に対応するわけではないのですが、流れがわからなくなった際などに役立ててください。

難易度 ★☆☆

1-3 アルゴリズムと実装の基礎

何かしらのアルゴリズムをPythonで実装する際、与えられた手順をそのまま実装できれば良いのですが、複雑ですんなり実装できない場合があります。

今後の学習がスムーズに進むよう、ここからは学習準備の一環として簡単なアルゴリズムとあわせて基本的な実装の考え方やシンプルな書き方、動作中のプログラムの確認方法などについて解説します。

1-3-1 条件分岐

閏年の判定アルゴリズム

まずは、条件分岐の練習として閏年の判定方法について考えてみましょう。ある年が閏年かどうかはさまざまな表現がありますが、なじみがあるのはまず「4で割り切れるかどうか」、から始まるものではないでしょうか。以下の定義は、Wikipediaの閏年のページからの引用です。

- *西暦年が4で割り切れる年は（原則として）閏年。*
- *ただし、西暦年が100で割り切れる年は（原則として）平年。*
- *ただし、西暦年が400で割り切れる年は必ず閏年。*

上の条件をそのままフローチャートに落とし込むと、次ページのとおりとなります。

図 1-8

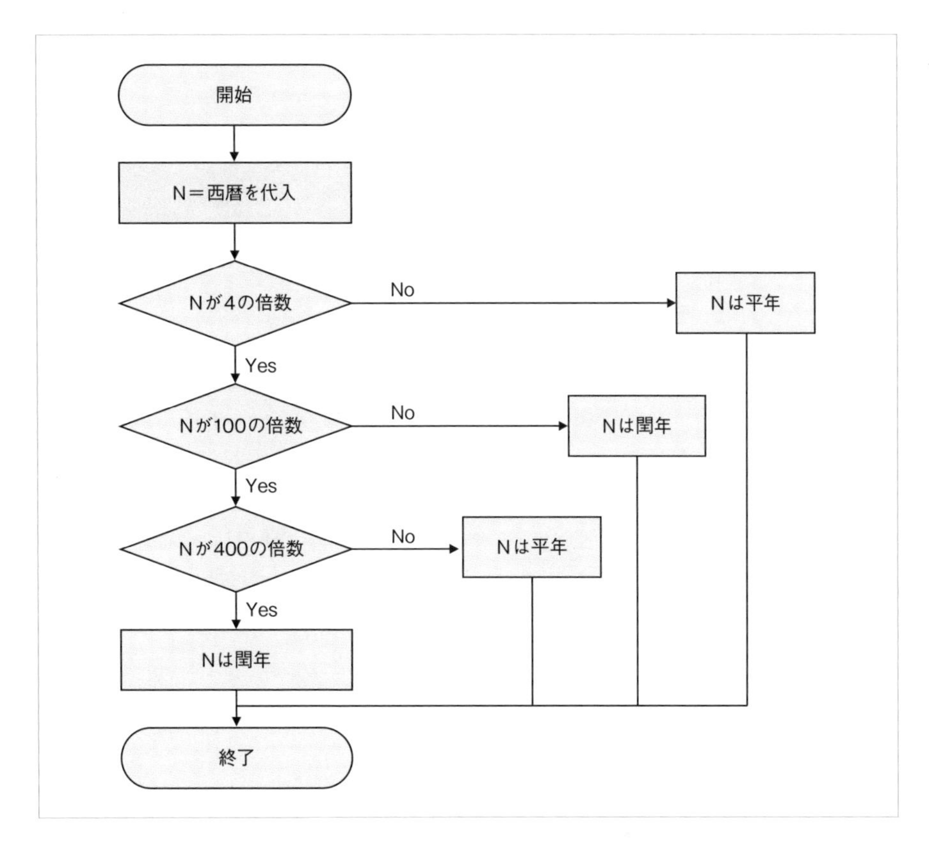

以下のコードは、このフローチャートに基づいて変数Nが閏年かどうかを判定し、結果のメッセージを表示しています。

コード 1-6

```
# 西暦
N = 2023

# Nが閏年かどうかを判定
if N % 4 == 0:
    if N % 100 == 0:
        if N % 400 == 0:
            print("閏年です")
        else:
            print("平年です")
    else:
        print("閏年です")
else:
    print("平年です")
```

実行すると、以下のように2023年が平年であることが判定された結果が表示されます。

実行結果

```
平年です
```

分岐の見直し

先ほどの実装例はif文のなかにif文が記述されています。このように制御構造が入れ子になることを、**ネスト**と呼びます。一般的に深いネストは可読性が落ち、読み手のみならず場合によっては書いた本人でさえ理解しづらい場合があります。複雑な分岐を実装する際に役に立つのが、「値を確定したものは後方の分岐条件から除外できる」という考え方です。先ほど使用したフローチャートをよく観察すると、条件がNoの場合は値が即確定していることがわかります。このため、コードは以下のように書き換えることができます。

コード1-7

```
# 西暦
N = 2023

# Nが閏年かどうかを判定
if  N % 4 != 0:
    print("平年です")
elif N % 100 != 0:
    print("閏年です")
elif N % 400 != 0:
    print("平年です")
else:
    print("閏年です")
```

同じフローですがif文の階層を浅くすることができました。

論理演算子で分岐をまとめる

複数の条件を同時に満たす条件などは、**論理演算子**を使って一度に表すことができます。閏年の条件をまとめると、以下のように書き換えることができます。

4で割り切れ、かつ「100で割り切れない、もしくは400で割り切れる場合」は閏年

「かつ」をand、「もしくは」をorで置き換えて、ひとつの分岐で表すことができます。

図 1-9

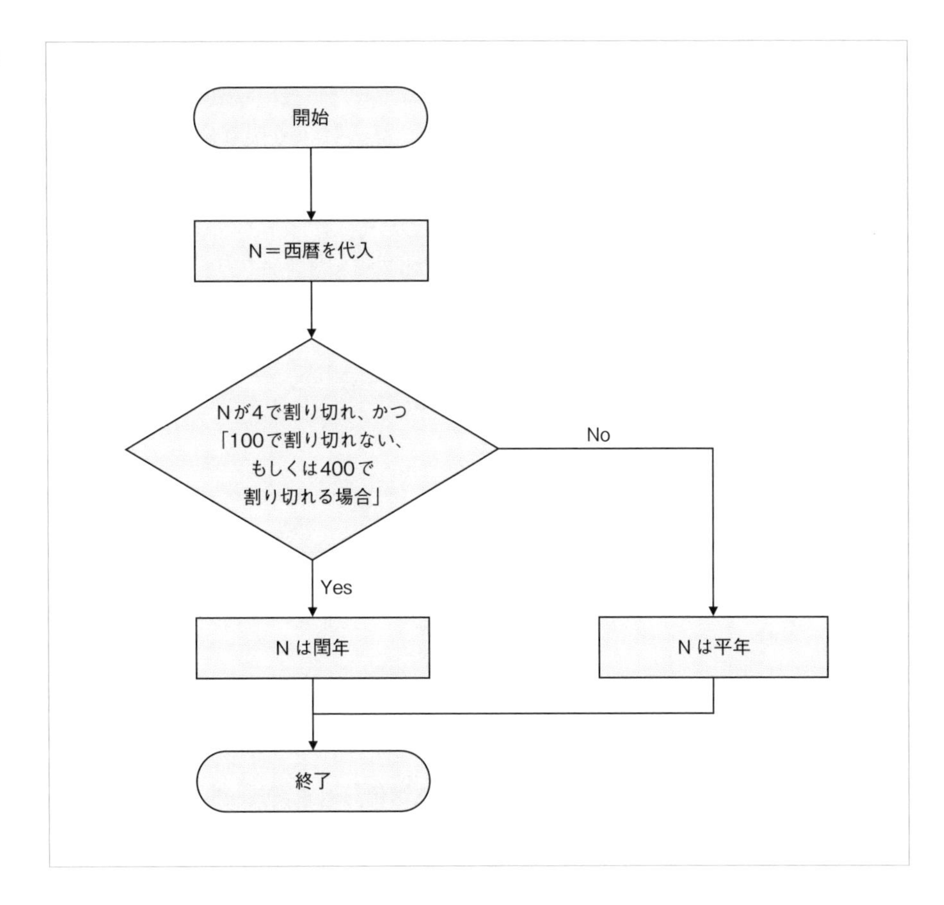

Pythonのコードでは以下のようになります。

コード 1-8

```
if N % 4 == 0 and (N % 100 != 0 or N % 400 == 0):
    print('閏年です')
else:
    print('平年です')
```

ずいぶんすっきりと書くことができました。ただし、論理演算子の多用は逆に条件がわかりづらくなる場合もあるので注意してください。

1-3-2 関数内での分岐とアーリーリターン

先ほど、条件分岐で値が確定したら後続の処理から除外できる場合について解説しました。関数でも同様で、条件により戻り値が確定し次第returnする方法があります。例えば、閏年の判定ロジックを真理値を返す関数にする場合、以下のように最後にまとめてreturnしてもいいのですが、いずれの条件もコードを最後まで読まないと何が返されるのかがわかりません。

コード1-9

```
def is_leap(year):

    if  year % 4 != 0:
        result = False
    elif year % 100 != 0:
        result = True
    elif year % 400 != 0:
        result = False
    else:
        result = True

    return result
```

近年では、前述の確定し次第値を返す実装が好まれており、これを**アーリーリターン**と呼びます。先ほどの関数をアーリーリターンで実装すると、以下のようになります。

コード1-10

```
def is_leap(year):

    if  year % 4 != 0:
        return False
    elif year % 100 != 0:
        return True
    elif year % 400 != 0:
        return False
    else:
        return True
```

なお、同様の考え方はループでも応用できます。次節で詳しく解説します。

おそらく多くの方が文法学習の初期に習ったであろう条件分岐ですが、このように同じアルゴリズムでもさまざまな実装方法があります。本節で紹介したアーリーリターンを使うなどをして、深いネストはなるべく避けるようにしてください。

1-3-3 ループ処理

リストの最大値

条件分岐の次に、ループが使用されるアルゴリズムの実装方法について解説します。まず、適当な数値が格納されたリストのなかの最大値を求める処理について考えてみましょう。いったん最大値をリスト先頭の値と仮定し、リストから順にデータを取り出し、最大値が大きければ更新する、というフローで求めることができます。

図 1-10

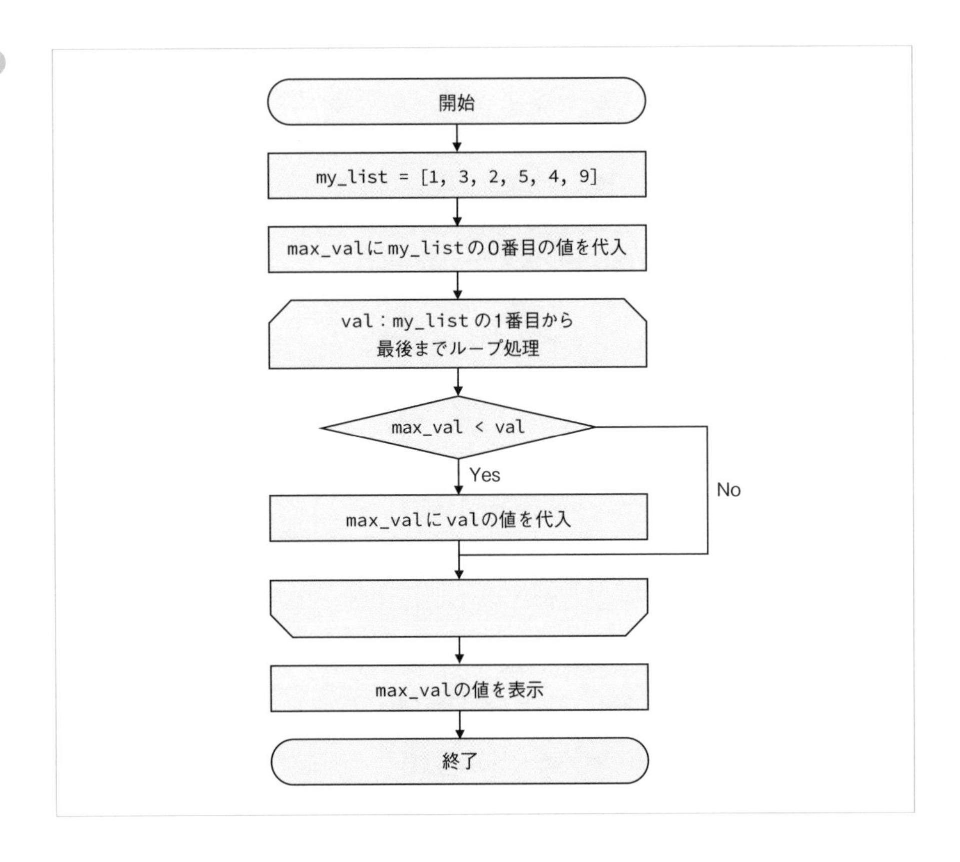

このフローチャートをPythonで実装すると、例えば以下のようになります。

コード 1-11

```
my_list = [1, 3, 2, 5, 4, 9]

max_val = my_list[0]
for val in my_list[1:]:
    if max_val < val:
        max_val = val

print("最大値:", max_val)
```

実行結果

```
最大値: 9
```

具体例からの一般化

慣れた方であればすぐに実装できたかもしれませんが、その一方で読者の方のなかには先ほどのフローが思いつかない、コードに実装できない、という方もいらっしゃるでしょう。こういった方のために、ループを考える際に「具体的な小さい回数で考え、その後一般化を試みる」、という考え方があります。行き詰まった場合は試してみてください。

先ほどの処理の場合について、適当に4つの数が格納されたリストの最大値をループなしで求める方法について考えてみましょう。

コード 1-12

```
my_list = [1, 3, 2, 5]

max_val = my_list[0]

if max_val < my_list[1]:
    max_val = my_list[1]

if max_val < my_list[2]:
    max_val = my_list[2]

if max_val < my_list[3]:
    max_val = my_list[3]

print("最大値:", max_val)
```

同じような処理が3回出てきました。つまり、以下の部分が似たような形で繰り返されているため、この部分が繰り返されるように実装すれば良さそうです。

コード1-13

```
if max_val < my_list[i]:
    max_val = my_list[i]
```

また、登場するインデックスの範囲を観察すると1から3なので、スライス構文を使用するとmy_list[1:]からひとつずつ値を取れば良いことがわかります。このように具体的に同じ処理を書いてみると、どこが一般化できるのか？インデックスとしてどの範囲が使われるのか？ということが発見しやすくなります。

なお、スライス構文を苦手としている方のために巻末で補足しています。あわせて参照してください。

1-3-4 アーリーコンティニュー

ループ内部の分岐が複雑化する場合、条件分岐の場合と同様、後続での判定に使用しないものは処理の頭でcontinueを使用してスキップする、という実装スタイルがあります。これをアーリーコンティニューと呼びます。具体的に、いくつかの条件に対して処理を行う際、以下のようにループ内でネストさせるのではなく、

書式

```
for i in my_list:

    if 条件1:
        if 条件2:
            # 処理
            # ⋮
            # ⋮
            # ⋮
```

次ページのように、ループの頭で処理対象外の場合をcontinueでスキップしてしまいます。

書式

```
for i in my_list:

    if not 条件1:
        # 処理対象外の場合は先に除外
        continue

    if not 条件2:
        # 処理対象外の場合は先に除外
        continue

    # 処理
    # ︙
    # ︙
    # ︙
```

こうすることで、ループ内部のネストを回避し、本質的な処理のみに着目することができます。ループ内部の分岐が複雑な場合に、使用できないか検討してみてください。

1-3-5 while文

先ほどは繰り返し処理の例としてfor文を使用しましたが、それ以外にPythonには繰り返し処理の実現方法としてwhile文や再帰処理があります。それぞれの使い分けや特徴について、ユークリッドの互除法を題材に解説します。

ユークリッドの互除法

ユークリッドの互除法とは、比較的古くから知られている最大公約数を求めるためのアルゴリズムのひとつです。例えば、144と84の最大公約数を求める場合、剰余による除算を交互に繰り返し、剰余が0になったとき割った数が最大公約数となる、という方法になります。

例えば、144と84の最大公約数を求めたい場合は次ページのように計算を繰り返し、12が最大公約数ということがわかります。

図 1-11

144	÷	84	=	1 ...	60
84	÷	60	=	1 ...	24
60	÷	24	=	2 ...	12
24	÷	12	=	2 ...	0

フローチャートで表すと以下のようになります。a、bはそれぞれ被除数、除数とし、gcdに最終的な結果の最大公約数が格納されます。

図 1-12

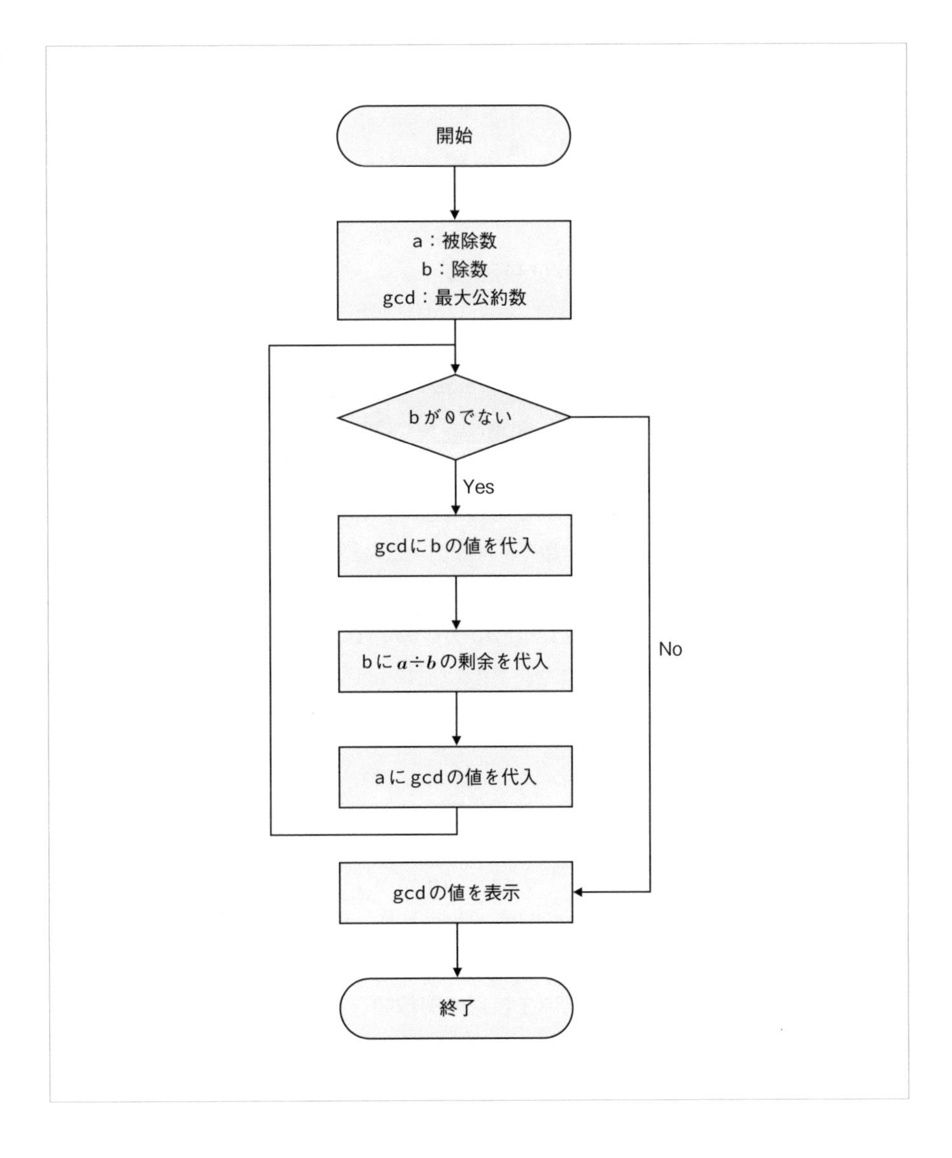

while文による実装方法

list型の変数に格納された値を順番に処理するような場合はfor文が書きやすいのですが、ユークリッドの互除法のように「どこで終わるのかが繰り返し処理中に判明する」ような処理は、while文のほうが楽に実装できる場合が多いです。以下のコードはユークリッドの互除法のwhile文での実装例です。

コード1-14

```
def my_gcd(a, b):
    while b != 0:
        gcd = b
        b = a % b
        a = gcd

    return gcd

x = my_gcd(144, 84)
print(x)
```

実行結果

```
12
```

コードの解説です。my_gcdはユークリッドの互除法を使用してa、bの最大公約数を求める関数です（gcdは最大公約数の英語greatest common divisorの略）。2行目以降、先の図で解説した剰余による除算処理を繰り返し処理が行われています。ループ内ではbが常に割る数字であるため、bが0かどうかがループの終了条件となります。また、これ以外にlist型の変数の要素の順序を入れ替える場合にもfor文よりwhile文のほうが簡単に書ける場合があります。第5章で詳しく解説します。

1-3-6 再帰処理

for文、while文以外の繰り返し処理の実現方法に**再帰処理**があります。再帰処理とは、関数内部で自身の関数呼び出しを行うような実装方法を指します。例えば、先ほどのユークリッドの互除法は、次ページのコードのとおり再帰処理で記述することもできます。

コード1-15

```
def my_gcd(a, b):
    if b == 0:
        return a

    m = a % b
    return my_gcd(b, m)


x = my_gcd(144, 84)
print(x)
```

実行結果

```
12
```

my_gcdは、先ほどのコードと同様ユークリッドの互除法を使用してa、bの最大公約数を求める関数です。先ほどのwhile文を使用したものと同様なのですが、5行目で剰余を求めた後、6行目で再度自分自身を呼び出すことで再帰的にループが行われます。剰余となる引数bが0となった時点で再帰処理が終了します。たいていの再帰処理はwhile文でも可能なのですが、今回の例のように漸化式(ぜんかしき)で表現されるアルゴリズムや第9章で解説する木構造のような再帰的なデータ構造を扱う場合は再帰処理のほうが記述がシンプルになる場合が多いです。一方、実装次第では同じ処理が何回も呼び出されるような場合があり、著しく効率が落ちる場合もあります。こういった場合のために動的計画法と呼ばれる手法があり、これについては第11章で解説することにします。

1-3-7 ダンプ

実行中のプログラムがどういった状態かを調べるため、print関数等で変数の内容を確認したことはないでしょうか？　こういった、変数の内容を確認するためにファイルや標準出力に出力することを、**ダンプ**と呼びます。

本書で解説するような初歩的なアルゴリズムでも、動作の理解が難しいものが多くあります。このため、動作がわからない場合は積極的にprint関数などを使用してダンプするようにしましょう。

知っている内容が多いかもしれませんが、ダンプする際に最低限知っておくべき内容について解説します。

なお、統合開発環境でデバッガが使える方はそちらを使用しても構いません。

print関数

御存知のとおり、print関数を使用すると変数の文字列表現を表示させることができます。数値や文字列以外にもリストや辞書などでもその変数の文字列表現を出力し、内容を確認することができます。

コード1-16

```
my_list = [3, 1, 5]
print(my_list)
```

実行結果

```
[3, 1, 5]
```

また、print関数の引数はカンマ区切りで複数の変数を指定することも可能です。

コード1-17

```
x = 100
y = 200
z = [3, 1, 5]
print(x, y, z)
```

実行結果

```
100 200 [3, 1, 5]
```

複数の変数を指定した場合、デフォルトではスペース区切りで表示されますが、引数sepで区切り文字を指定することもできます。以下のコードでは、先ほどのコードをハイフンでつなげて表示しています。

コード1-18

```
x = 100
y = 200
z = [3, 1, 5]
print(x, y, z, sep='-')
```

実行結果

```
100-200-[3, 1, 5]
```

また、デフォルトでは末尾に改行が入りますが、endで終端文字を指定することができますので、以下のように3つのprint関数でコロン区切りの1行を表示することもできます。

コード1-19

```
print("data1", end=":")
print("data2", end=":")
print("data3")
```

実行結果

```
data1:data2:data3
```

str関数と文字列結合

標準関数のstr関数でオブジェクトの文字列表現を取得することができます。例えばlist型の場合、内容が列挙された文字列を得ることができます。print関数を使用した際はstr関数で得られたものと同じものが表示されます。

コード1-20

```
my_text = str([3, 1, 5])
print(my_text)
```

str関数の使いどころのひとつとして、+演算子で文字列と結合させる場合が挙げられます。以下のコードは、文字列と数値を+演算しようとしてTypeErrorが発生します。

コード1-21

```
text = "my text"
num = 3
print(text + num)    # TypeError発生
```

実行結果

```
TypeError: can only concatenate str (not "int") to str
```

次ページのコードのようにstr関数を使用するとエラーを回避し、結合した文字列を表示することができます。

コード1-22

```
text = "my text"
num = 3
print(text + str(num))
```

実行結果

```
my text3
```

str 型の format メソッド

Pythonのstr型はformatメソッドで変数を埋め込むことができます。以下のコードはformatメソッドの使用例です。

コード1-23

```
text = "xの値:{x}, yの値:{y}"
x = 100
y = 200
print(text.format(x=x, y=y))
```

実行結果

```
xの値:100, yの値:200
```

読者ご自身が読みやすいフォーマットで、適宜ダンプするようにしてください。

1-3-8 クラスの基礎

第4章以降からは、データ構造の解説で独自のクラスを使用します。苦手とされる方も多いと思いますので、基礎的な部分について簡単に復習しましょう。

クラスの定義

クラスを定義すると、複数のさまざまなデータや機能をひとまとまりとした独自のオブジェクトを使用することができるようになります。次ページの構文で独自のクラスを定義することができます。

書式

```
class クラス名:
    def __init__(self, 引数):
        初期化処理を記述

    def メソッド名(self, 引数):
        メソッドの処理を記述
```

また、独自クラスは以下のとおりオブジェクトとしてインスタンス化することができ、変数に代入して使用することができます。

書式

```
変数名 = クラス名(引数)
```

例えば、平面座標の点（x, y）を表すクラスCoodについて考えてみましょう。データとしてx、yの座標を持つため、以下のようなクラス定義が考えられます。

コード1-24

```
class Cood:
    def __init__(self, x, y):
        self.x = x
        self.y = y

# インスタンス化
obj = Cood(300, 400)
print(obj.x, obj.y)

# インスタンス変数の更新
obj.x = 100
obj.y = 200
print(obj.x, obj.y)
```

1行目から4行目までがクラスの定義、7行目で定義したクラスをインスタンス化しています。ドットでインスタンス変数にアクセスすることが可能で、8行目ではインスタンス変数にアクセスして内容を確認しています。また、ドットでアクセスしたインスタンス変数を代入で更新することができます。11行目、12行目でインスタンス変数を更新し、13行目でその内容を確認しています。

実行結果

```
300 400
100 200
```

先ほどのクラスでx、yふたつのデータをひとまとまりとして扱うことができるようになりました。次にメソッドを実装してみましょう。原点からの距離を計算する方法について考えてみます。

コード1-25

```
from math import sqrt

class Cood:
    def __init__(self, x, y):
        self.x = x
        self.y = y

    def calc_distance(self):
        return sqrt(self.x**2 + self.y**2)

obj = Cood(300, 400)
dist = obj.calc_distance()
print(dist)
```

実行結果

```
500.0
```

平方根の計算があるため、mathモジュールのsqrtをインポートします。8行目から9行目で原点からの距離を求めるメソッドを実装しています。ドットでメソッドにアクセスすることができ、12行目でメソッドを使用して結果を変数distに格納しています。

オブジェクトのダンプ

前節で動作を確認する際、適宜ダンプすることが重要であると述べました。独自でクラスを定義する場合、__str__を実装するとデータの確認がしやすくなります。先ほどの例のように各変数にドットでアクセスしてもいいのですが、print関数で確認ができると便利そうです。ところが、print関数で生成したオブジェクトの内容を確認しようとすると、独自のクラスではそのままだと<__main__.Cood object at ・・・>といった文字列が表示され内容を確認することができません。

コード1-26

```
class Cood:
    def __init__(self, x, y):
        self.x = x
        self.y = y


obj = Cood(100, 200)
print(obj)
```

実行結果

```
<__main__.Cood object at・・・>
```

以下のように特殊メソッド__str__を実装すると、print関数の引数に指定した際に表示する文字列情報を設定することができます。戻り値に表示させたい変数の内容を文字列にして返しましょう。

以下のコードでは、__str__メソッドで"(x, y)"の形式でオブジェクトの内容を表示するよう実装しています。

コード1-27

```
class Cood:
    def __init__(self, x, y):
        self.x = x
        self.y = y

    def __str__(self):
        return "({x}, {y})".format(x=self.x, y=self.y)


obj = Cood(100, 200)
print(obj)
```

実行すると、以下のように表示されます。

実行結果

```
(100, 200)
```

もうひとつ例として、他のクラスの__str__で別のクラスの__str__を呼び出す実装を紹介します。次ページのコードでは、先ほどの平面座標を表すCoodとふたつの地点を表すクラスTwoPointsを実装しています。TwoPointsの文字列表現として(100, 200)-(110, 220)といった形で表示したい場合、このように実装することができます。

コード1-28

```
class Cood:
    def __init__(self, x, y):
        self.x = x
        self.y = y

    def __str__(self):
        return "({x}, {y})".format(x=self.x, y=self.y)


class TwoPoints:

    def __init__(self, x1, y1, x2, y2):
        self.p1 = Cood(x1, y1)
        self.p2 = Cood(x2, y2)

    def __str__(self):
        return str(self.p1) + "-" + str(self.p2)


tp = TwoPoints(100, 200, 110, 220)
print(tp)
```

TwoPointsクラスは、Cood型のp1、p2をインスタンス変数として持ち、初期化時に引数でそれらの座標を指定します。また、__str__で前述のとおり、2点の座標をハイフンでつなげた文字列を返しています。

実行すると、以下のように表示されます。

実行結果

```
(100, 200)-(110, 220)
```

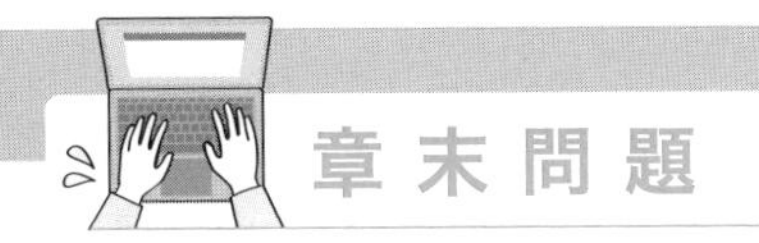

章末問題

Q1 以下は整数5、4、3、2、1、0を順に表示する処理を表したフローチャートである。

図1-13

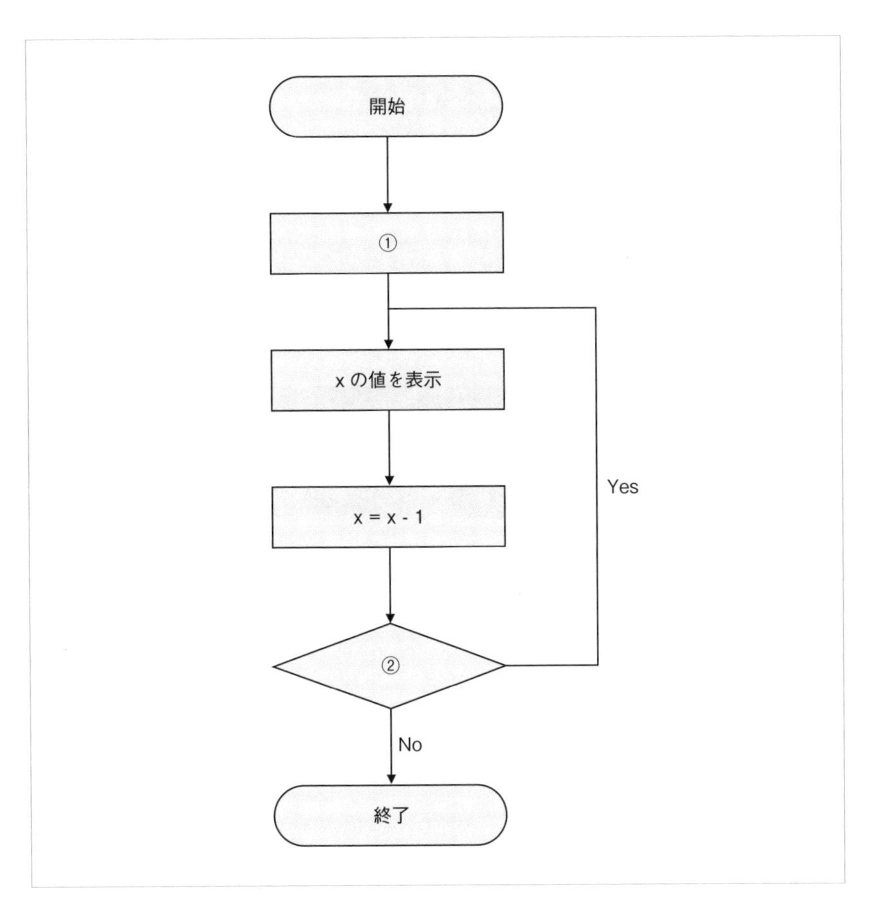

空欄に当てはまるものを選べ。

ア：　①x < 5　②0 < x
イ：　①x = 5　②0 < x
ウ：　①x = 5　②0 <= x
エ：　①x = 5　②0 == x

Q2 以下のPythonコードは、ユークリッドの互除法で最大公約数を求める関数である。

コード1-29

```
def my_gcd(a, b):
    print(a, b)
    if b == 0:
        return a

    m = a % b
    return my_gcd(b, m)


x = my_gcd(36, 27)
```

実行すると以下のとおり表示された。空欄に当てはまるものを選べ。

実行結果

```
36 27
【 ① 】
【 ② 】
```

ア： ①27 9 ②9 0
イ： ①27 9 ②0 9
ウ： ①9 27 ②9 0
エ： ①9 27 ②0 9

第 2 章

アルゴリズムの評価

みなさんがプログラムで何かしらの問題を解決しようとした場合、複数のアルゴリズムを思いつくかもしれません。この場合、どのアルゴリズムを選ぶのが良いのか？と、良し悪しを検討する必要が出てきます。本章ではアルゴリズムの評価で使われる計算量と、パフォーマンスの改善やメモリの動作イメージについて解説します。

難易度 ★★☆

2-1 計算量

アルゴリズムを評価する際に使用される指標にはさまざまなものがあるのですが、代表的なものとして以下ふたつの**計算量**という指標があります。

1. **時間計算量**
2. **空間計算量**

難しい用語ですが本書は入門書なので大雑把に換言してみますと、それぞれ以下のようになります。

1. 計算回数が少ないほど速く良いアルゴリズムである
2. メモリ使用量が少ないほど良いアルゴリズムである

近年、コンピュータープログラムは比較的メモリが潤沢な環境で実行される場合が多いため、時間計算量のほうが重要視される傾向にあります。このため、単に計算量と呼ぶ場合は時間計算量のことを指す場合が多いです。本書でも以降、単に計算量と呼ぶ場合は時間計算量のことを指すことにします。また、読者のなかにはプログラム実行中のメモリについてなじみのない方も多いと思いますが、最低限のイメージはもっておくとアルゴリズムを学習する際に役に立つため、本章2-3にてメモリのイメージや注意点についても解説をします。

難易度 ★★☆

2-2 時間計算量

「計算回数が少ないほど速く良いアルゴリズムである」と述べましたが、ここでは実際にアルゴリズムを変えるだけで計算回数が少なくなる例について解説します。素数の判定アルゴリズムを通して、時間計算量を改善する方法について考えてみましょう。

2-2-1 素数の判定

素数とは、「自然数のうちで2以上からその数未満の数で割り切れる数字がないもの」を指します。以下のコードは、ある整数が素数かどうかを判定するための関数で、前述の定義をそのままコードにしています。

コード 2-1

```
def is_prime(N):
    if N == 1:
        return False

    for i in range(2, N):
        if N % i == 0:
            return False
    return True

result = is_prime(257)
print(result)
```

実行すると、次ページのとおり257が素数であることが判定されます。

実行結果

```
True
```

一見なんの問題もないようですが、このアルゴリズムは無駄な計算が行われていることに気づいた方がいるかもしれません。例えば、$N = 257$で計算した場合、256など大きい数字は明らかに割り切れません。実際、どこまで無駄な計算を省くことができるかというと、数学的には$\sqrt{N}$以下まで計算すれば良いことが知られています。このため、先ほどの関数は以下のように書き換えることができます。

コード2-2

```python
import math

def is_prime(N):
    if N == 1:
        return False

    for i in range(2, int(math.sqrt(N)) + 1):
        if N % i == 0:
            return False
    return True
```

後者のほうが計算回数が少なくなった分、速度が向上しており、計算量の観点から良いアルゴリズムと評価することができます。

2-2-2 オーダー記法

素数の判定ではアルゴリズムの改善により計算回数を減らすことができましたが、では一体どのぐらい効果があるのでしょうか？　そういった評価のために、ここから、もう少し厳密に計算量を表すオーダー記法と呼ばれるものについて解説します。

ステップ数

プログラムが行う単一の処理を**ステップ**と呼び、その回数を**ステップ数**と呼びます。例えば、次ページのコードでは3つの処理を行っているためステップ数は3となります。

コード 2-3

```
x = 1
y = 2
z = x + y
```

多くのアルゴリズムは、取り扱うデータ件数によってステップ数が左右されます。例えば、1から10まで順に足し上げるアルゴリズムについて考えてみます。実装方法として以下のコードが考えられます。

コード 2-4

```
start = 1
end = 10
n = end - start + 1
my_sum = 0

for i in range(start, n + 1):
    my_sum += i
```

このコードでは最初の4行で4ステップ、ループ内部で10回処理が行われることから、ステップ数は14となります。より一般的にデータ件数をnとした場合、最初の処理で4ステップ、ループ内でn回の合計$n+4$回処理が行われます。このため、データ件数を増やすと比例してステップ数と処理時間が増大することがわかります。

また、上のコードは等差数列の和の公式$((a_1 + a_n) \times n)/2$（a_1は初項、a_nをn番目の項とする）を使用すると、以下のように改善することができます。

コード 2-5

```
start = 1
end = 10
n = end - start + 1
my_sum = ((start + end) * n) / 2
```

この場合は、データ件数には依存せず、ステップ数は4となります。

なお、1行のコードでも関数呼び出しなど内部の処理で複数の処理が行われる場合が多くあり、ステップ数とコード行数が対応するわけではないという点は注意してください。

オーダー記法

計算機科学の世界では、データ量に依存してアルゴリズムがどの程度処理時間がかかるのかの大雑把な目安として、**オーダー記法**というものが使用されています。$O(n)$、$O(n^2)$などといった記号で表されます。

Oのとなりにステップ数を表す数式の最大次数の項を、係数なしでカッコ内に記述します。次数とは文字式の特定の文字に着目した際、その文字が掛け合わされている個数を指します。例えば、nに着目した場合、$5n^2$の次数はnが2個掛け合わされているため2となります。また、$2n$の次数はnがひとつだけなので1、nに依存しない定数の場合の次数は0となります。

例えば、先ほどのコード2-4は、ステップ数が$n+4$でしたが、最大次数のみを採用するため、$O(n)$となります。一方、コード2-3やコード2-5のようにデータ量に依存しないものは、最大次数が0となりますが、この場合は一律$O(1)$と記述します。

また、第5章で解説する挿入ソートやバブルソートのように、n件のデータを二重でループ処理を行うと$O(n^2)$となります。

それ以外にもさまざまな関数があるのですが、初歩的なアルゴリズムで登場する計算量の関数とその大小関係は以下のとおりとなります。

$$O(1) < O(\log n) < O(\sqrt{n}) < O(n) < O(n \log n) < O(n^2)$$

厳密さを欠くのですが、データ量が増えた場合、概ねカッコ内の変数に処理時間が比例する、と考えて差し支えないでしょう。なお、ここで紹介した計算量の説明は簡便なものであるため、より厳密な定義を知りたい場合は巻末の参考文献［2］を参照してください。

データ量と処理時間

平方根や対数は普段あまりなじみがないと思いますので、グラフを交えて大雑把なイメージを解説します。まず、データ件数に比例する$O(n)$と、データ件数が増えてもそれほど計算量が大きくならないとされる$O(1)$、$O(log\ n)$、$O(\sqrt{n})$の4つのグラフを見てみましょう。以下のグラフは横軸がデータ件数、縦軸が計算量を表しています。

図 2-1

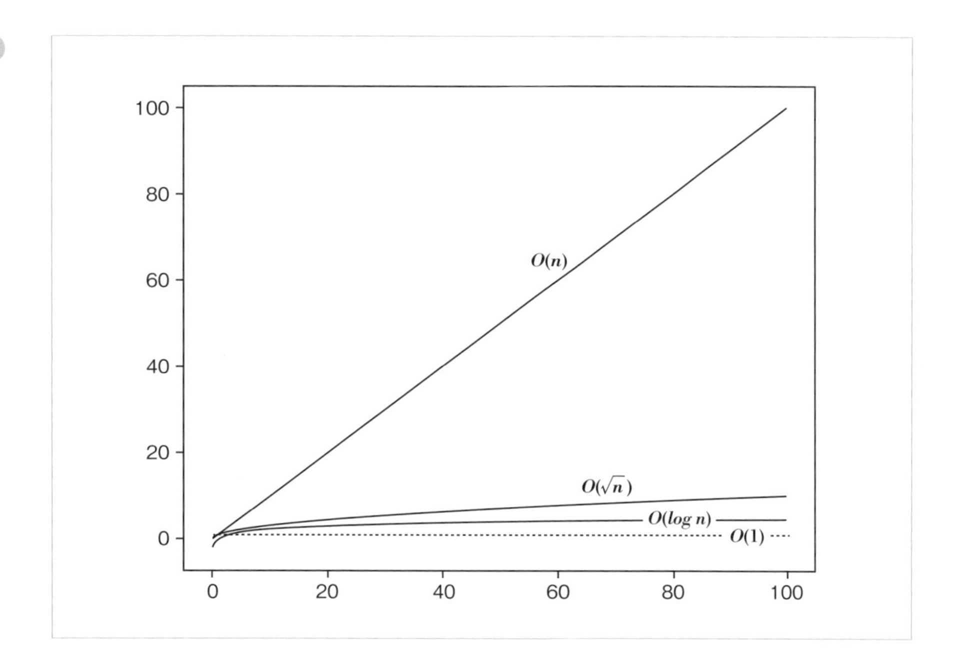

点線で表されている$O(1)$は、データ数にかかわらず常に一定なので横軸と平行になっています。また、$O(n)$はn、つまりデータ件数が増加すると、比例して計算量が増加することがわかります。$O(1)$は当然として、$O(log\ n)$、$O(\sqrt{n})$のふたつについても、データ件数が増加してもそれほど計算量が増加しない、つまりパフォーマンスが悪化しないことがグラフから見て取れます。

例えば、前節の素数の計算の場合、計算過程は省略しますがコード2-1が$O(n)$、改善後のコード2-2が$O(\sqrt{n})$となります。このため、小さな改善ではありますが、データ件数が増加した場合それなりに効果を発揮することがわかると思います。

次に、$O(n\ log\ n)$を加えたグラフを確認してみましょう。スケールが変わり、$O(n\ log\ n)$は$O(n)$と比較して大きく計算量が増加することがわかります。グラフ下部で潰れていますが、下3つの線が$O(1)$、$O(log\ n)$、$O(\sqrt{n})$のグラフとなります。

図 2-2

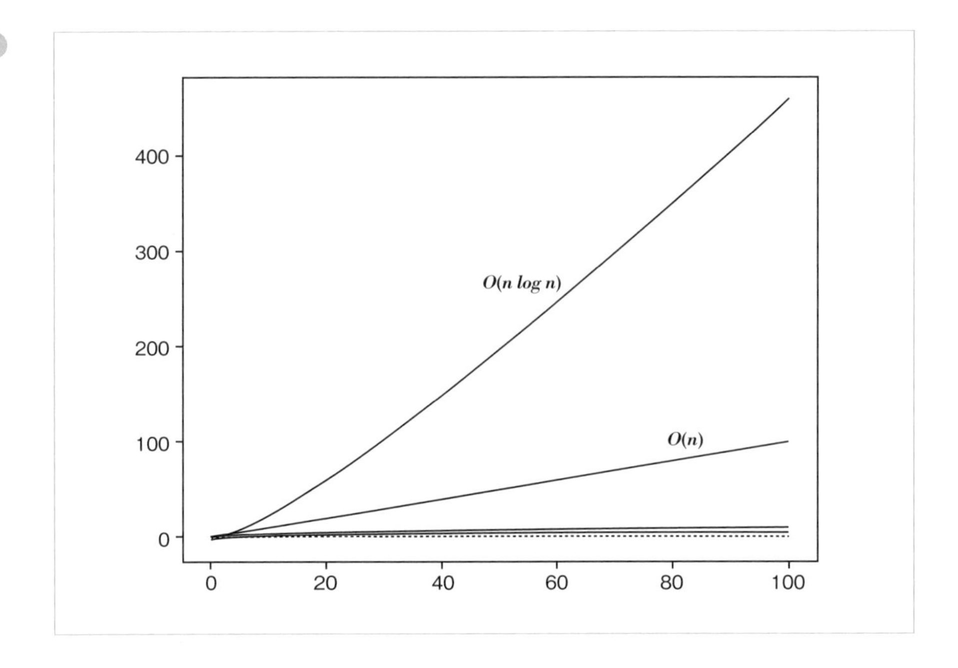

最後に、データ量が大きくなると計算量が大きく増加する $O(n^2)$ を追加したものを確認してみましょう。

図 2-3

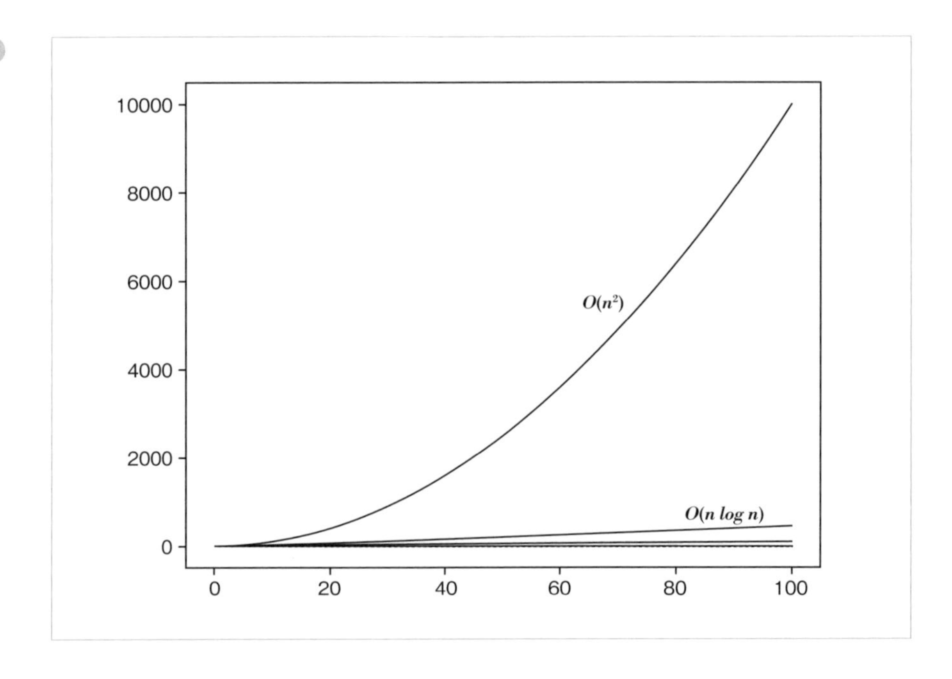

スケールがこれまでと比較にならないほど大きく変わりました。やはり潰れてしまっていますが、下のほうの線が$O(1)$～$O(n \log n)$のグラフとなります。$O(n^2)$となるアルゴリズムの場合、データ量が増加すると加速的に計算量が増加してパフォーマンスが大きく悪化することが感覚的にわかると思います。

なお、ここで紹介した$O(n^2)$や$O(n \log n)$といった計算量について、具体的なアルゴリズムについてはソートや探索等のアルゴリズムで解説します。

2-2-3 最悪計算量

ここまでで扱った計算量は、いずれも平均的な場合について考えたものです。ところが、アルゴリズムのなかには平均的には良好なものの、状況次第で著しくパフォーマンスが落ちるものがあります。一方で、最悪の状況でも一定のパフォーマンスを担保できるようなものもあります。こうした状況を評価するため、最悪の状況だとどの程度のパフォーマンスになるのか？ということを表すものとして**最悪計算量**というものがあります。

なお、本書では以降、最悪計算量について言及する際は平均計算量と同様にOを使用しますが、これは厳密には正確性を欠く記法となります。詳しく知りたい方は巻末の参考文献 [2] を参照してください。また、平均的な計算量を表す場合は以降も単に計算量と記述しますが、最悪計算量と対比する場合は**平均計算量**と記述します。

難易度 ★★★

2-3 空間計算量

2-3-1 メモリのイメージ

Pythonをはじめモダンな言語では、メモリを意識してコードを作成することがあまりないのですが、ある程度メモリの動作イメージを持っていたほうが理解がスムーズに進むでしょう。また、より良い実装をすることにもつながります。このため、本節ではプログラムが動作する際のメモリのイメージや注意点についても簡単に解説します。

まず、メモリの領域イメージとして以下のような列で解説されることが多いのですが、本書でもそれにならうことにします。

図2-4

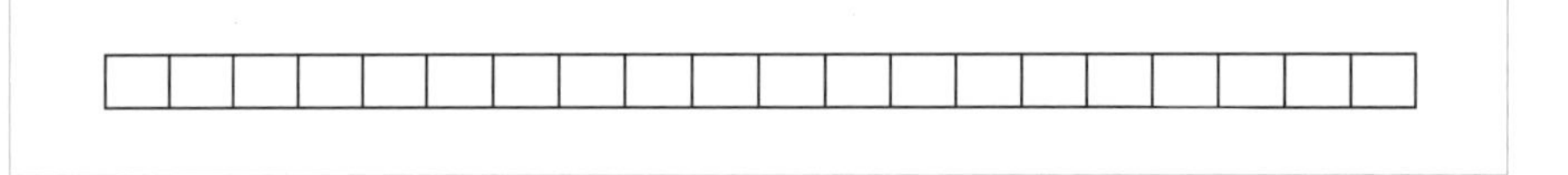

プログラムが動作する際、変数や関数等の情報はすべてコンピューターのメモリに格納されます。何もデータがない場合、上図のイメージのとおりメモリの領域は空白なのですが、変数などを使用すると、ある領域がそのデータの格納に使用されます。

例えば、以下のように変数を定義した場合について考えてみます。

コード2-6

```
x = 100
y = "あいう"
```

プログラムが実行されると、コンピューターの内部では以下のようなイメージでメモリの領域が使用されます。

図 2-5

メモリのある領域に100と文字列"あいう"が保存されています。また、整数より文字列のほうがデータサイズが大きいため、xよりyのほうが多くの領域が使用されています。当然、たくさんのデータを生成したり読み込むと、それに応じてメモリが多く使用されます。

2-3-2 メモリに関する注意点

ここでメモリに関する注意点について補足します。

別名と代入

以下のコードを見てください。

コード 2-7

```
x = [1, 2, 3]
y = x
```

これはxで定義した値にyという別名をつけただけなので、2箇所別々にメモリが確保されているわけではありません。つまり、xとyの実体は同一であるため別名の追加でメモリが余分に消費されるわけではありません。イメージとしては、以下のように同じ領域にふたつの名前がつけられている状況です。

図 2-6

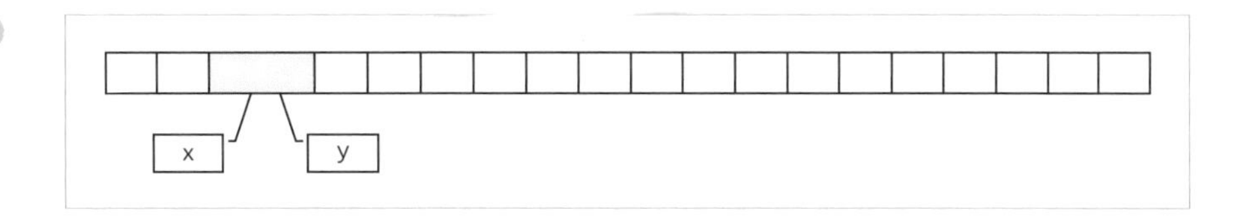

コード上で確認する方法として、組み込みのid関数を使用する方法があります。Pythonでは変数の実体ごとにユニークなidが割り当てられています。id関数を使用すると、そのidを取得することができます。以下のコードではxとyが同一の実体であることが確認できます。

コード2-8

```
x = [1, 2, 3]
y = x
print(id(x))
print(id(y)) # 3行目と4行目は常に同じ値が表示される*
```

＊実行するごとに異なるIDが表示されますが、3行目と4行目は常に同じとなります。

一方で再代入した場合は新たに領域が確保されます。以下のコードでは変数xの実体が異なるため、再代入した際に新たな領域が確保されます。以下のコードを実行してみると2行目と4行目とで異なる値が出力される、つまり別々のものであることが確認できます。

コード2-9

```
x = [1, 2, 3]
print(id(x))
x = [4, 5]
print(id(x)) # 2行目と異なるidが表示される*
```

＊実行するごとに異なるIDが表示されますが、2行目と4行目は常に異なる値が表示されます。

関数やメソッドの引数

関数やメソッドを定義すると、呼び出した際に引数で変数がコピーされて新たにメモリが消費されると思われる方がいるかもしれませんが、Pythonでは別名の場合と同様、新たな領域を確保するわけではありません。先ほどのようにid関数で確認してみましょう。以下のコードを実行すると、呼び出し元の変数Xと呼び出された関数内のxが同じ実体であることが確認できます。

コード2-10

```
def myfunc(x):
    print(id(x))


X = [1, 2, 3]
print(id(X))
myfunc(X) # 6行目と同じidが表示される
```

このため、複数の関数をひとつにまとめても引数の分メモリ使用量が改善するということはありません。なお、ここで紹介した引数のメモリ確保の方法は、言語やその言語の実装によって異なります。

メモリの解放

確保されたメモリが増大すると、メモリの量は有限なので、そのうちあふれてしまうかもしれません。こういったことを防ぐため、Pythonでは参照している変数がなくなると、その領域は適当なタイミングで自動的に解放されます。例えば、以下のコードでは先ほどの説明のとおり2回メモリの領域が確保されますが、ひとつ目のリストを参照するものはなくなるため、後続処理があった場合は必要があれば適当なタイミングでその領域が解放されます。

コード 2-11

```
x = [1, 2, 3]
x = [4, 5]
```

2-3-3 空間計算量の改善例

近年は初歩的なプログラムでメモリが枯渇する状況になることはあまりないため、それほどヒステリックにこだわる必要もないのですが、理解を深めるために空間計算量の改善、つまりメモリの使用量を減らす例を見てみましょう。0～99までの整数のうち、3の倍数の合計を求めるプログラムについて考えてみます。

まず、以下のコードを見てみてください。

コード 2-12

```
def my_func():
    numbers = []
    for i in range(100):
        if i % 3 == 0:
            numbers.append(i)

    return numbers


def main():
```

```
    numbers = my_func()
    my_sum = 0
    for num in numbers:
        my_sum += num

    print(my_sum)

main()
```

関数my_funcでいったん3の倍数のリストnumbersを構築し、その後そのリストの合計を求めています。このコードの場合、numbersで新たにメモリを確保することになりますが、足し上げた後はそのリストが不要になります。

改善案としてはふたつあります。まず、以下のように3の倍数を求めつつ足し上げる方法が考えられます。

コード2-13

```
def main():
    my_sum = 0
    for i in range(100):
        if i % 3 == 0:
            my_sum += i

    print(my_sum)

main()
```

一機能として独立した関数として残したい場合があるかもしれません。そんなときには、リストなどのイテラブルなものを構築して返すような関数は、ジェネレーターに書き換えるという方法があります。

コード2-14

```
def my_func():
    for i in range(100):
        if i % 3 == 0:
            yield i

def main():
    numbers = my_func()
    my_sum = 0
    for num in numbers:
        my_sum += num
```

```
    print(my_sum)

main()
```

いずれの方法も3の倍数のリストの生成がなくなった分、メモリの使用量を抑えることができます。なお、ジェネレーターについて苦手な方は巻末の補足を参照してください。

また、関数を実行すると**コールスタック**と呼ばれるメモリ領域が確保されます。このため、大幅に再帰が深くなる再帰関数の場合は、while文に書き換えることでメモリ使用量を改善できることがあります。

補足 計算量とパフォーマンスの測定

本章ではアルゴリズムの評価指標として計算量を紹介しました。ただし、計算量はあくまでも大雑把な目安であるため、アルゴリズムを実装してみてパフォーマンスが気になる場合は実際に測定することをおすすめします。Pythonには標準で計測するためのモジュールがいくつか提供されています。巻末で使用方法について紹介していますので、適宜参照してください。

章末問題

Q1 ある問題を解く際、A～Dの4つのアルゴリズムを思いついた。時間計算量は以下のとおりとなった。

・A : $O(log\ n)$
・B : $O(n)$
・C : $O(1)$
・D : $O(n^2)$

A～Dのアルゴリズムをパフォーマンスが良い順に並べたものはどれか。

ア： C、A、D、B
イ： A、B、C、D
ウ： C、A、B、D
エ： C、D、B、A

Q2 時間計算量を改善する方法について正しいものを選べ。

ア： 不要になった変数をすぐに破棄してメモリ使用量を減らした
イ： 不要な処理をスキップするようにして処理ステップ数を減らした
ウ： PCのスペックを上げて処理時間を早くした
エ： 複数の関数をひとつの関数に集約した

第3章

配列と連結リスト

Pythonで順序付けられた複数のデータを扱う場合、list型を使用することが多いと思います。プログラミングの世界では、一般的にlist型とよく似た配列やリストというものもあります。第3章では、配列とリストについて違いや得手不得手について解説します。

難易度 ★☆☆

3-1 配列と連結リスト

複数のデータを順序付けて並べるようなデータ構造として、Pythonには**list型**があります。プログラミングの世界では、このlist型のように順序付けられたデータを扱うためのさまざまなデータ構造が考案されてきました。基本的なものとして、配列と連結リストが挙げられます。「ベクトル演算を行う場合は配列を使ったほうがいい」、「連結リストのほうがさまざまなデータを扱える」といったことを聞いたことがあるかもしれません。どちらも**インデックス**と呼ばれる数字を指定してデータにアクセスできますが、内部の構造が異なります。

なお、本書では、以降こういった順序付けられた複数のデータを格納できるlist型や配列、連結リストを総称して**データ列**と呼ぶことにします。

3-1-1 配列

まずは、配列について解説します。Pythonは標準で配列を使わない場合が多いため、とっつきにくく感じるかもしれません。難しく感じる場合はいったん特徴だけ押さえてください。

配列とは、「同じデータ型の変数を連続したメモリ領域に格納したもの」となります。配列の定義はいくつか存在し、Pythonのlist型のように複数データを順序付けられるものも配列と呼称する文献もありますが、本書では配列については前述の配列を指すことにします。

例えば、いくつかの数字を並べて扱う場合、メモリ上のデータ格納イメージは次ページの図のようになります。

図 3-1

0x0		0x4		0x8	0x12	0x16	0x20	0x24						
				35	22	8	72	11						

図の上段の数字は、メモリ上の位置を表すアドレスと呼ばれるものを表しています。メモリのアドレスが連続し、なおかつ各サイズが同じであるため、インデックスのオフセット分メモリ位置を計算することで、高速にデータにアクセスすることができます。例えば上図のように各データのサイズが4バイトの配列があり、0から数えて3番目のデータを参照する場合について考えてみます。0番目の開始アドレスが0x8であるとわかっていれば、**4×3＝12**バイト分離れた位置、つまり0x20から目的のデータが格納されていることがわかります。こういったしくみのため、後述する連結リストと比較して配列は高速な読み書きが可能です。このため、計算量が多いベクトルの演算処理をしたい場合には配列が適しています。

一方で、前述のとおり同じサイズのデータしか扱えないため、さまざまなデータを扱う場合には配列を使うことができません。

Pythonで使用できる配列には標準ライブラリのarrayや、サードパーティ製のNumPyのndarrayが挙げられます。ベクトル演算のようにデータ列の要素ごとに計算を行うような処理の場合は、NumPyのndarrayの使用をおすすめします。

配列のデメリット

読み書きが高速なので、サイズが同じであれば常に配列を使用したほうが良さそうに思うかもしれません。ところが、配列には同じサイズのデータしか扱えないという点以外にも欠点があります。

前述のとおり、配列はメモリアクセスを高速にするために連続した領域に格納します。このため、新たにデータを挿入した際、挿入後のデータが連続するように並べ直す必要があります。

例えば、ある配列の先頭に要素を挿入するとします。先頭に空き場所がない場合、次ページの図のように、メモリ上では各要素をひとつずつ後ろにずらし、空いた場所に要素を配置する、といった操作が必要です。

図 3-2

もしくは別の場所に結合してコピーするという方法もありますが、いずれにせよ内部的には比較的面倒な処理が行われます。途中の要素を削除しても同様な処理コストがかかります。

3-1-2 連結リスト

データ列を扱う方法として、配列以外にメモリ上のアドレスを指し示す**ポインタ**と呼ばれるしくみでメモリ上の複数の領域のデータを一連のデータとして扱えるようにする方法があります。さまざまな実装方法があるのですが、そのうち基本的なものとして**連結リスト**と呼ばれるものがあります。

連結リストはデータと隣接するデータを指し示すポインタから構成され、配列が苦手としているデータの挿入や削除を効率的に操作することができます。一方で配列が得意としたデータアクセス速度が犠牲になります。連結リストにもさまざまな種類があるのですが、本書では最も初歩的な単連結リストについて次節から解説します。

本書では単に**リスト**と記述される場合はlist型変数を指しますが、文献によっては連結リスト、データ列、ポインタを使用したデータ列のデータ構造の総称などを表す場合があるため注意してください。

なお、補足ですが、Pythonのlist型は連結リストではなく配列にポインタを格納した独自のデータ構造となります。

難易度 ★★★

3-2 単連結リスト

単連結リストは、以下の図のように、ひとつの要素がデータ部分と次の要素を指し示すポインタと呼ばれる部分のふたつからなり、この要素が連なった形でデータを格納します。

図 3-3

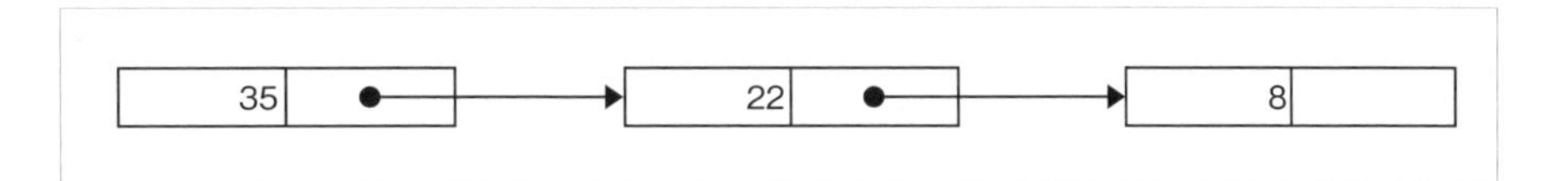

実際にPythonで単連結リストを実装して理解を深めましょう。通常、ポインタはメモリ上の特定のアドレスを指し示すもので、Pythonにはその機能がないのですが、変数の参照で同様の構造の表現が可能です。本章では以降、この参照のことを便宜上ポインタと呼ぶことにします。

3-2-1 単連結リストの実装

初期化処理

次ページのコードを見てみてください。

まず、要素を表す`Node`というクラスを作成します。値と次の要素を指し示すためのポインタとして、`next`という変数を保持します。文字列表現は格納している値を返すことにします。

コード3-1

```
class Node:
    def __init__(self, value=None):
        self.value = value
        self.next = None

    def __str__(self):
        return str(self.value)
```

次に、これらの要素を管理する単連結リスト本体のクラス、SinglyLinkedListを実装します。まず、初期化時に先頭要素のみを格納するようにします。

コード3-2

```
class SinglyLinkedList:
    def __init__(self, head_value):
        self.head = Node(head_value)
```

以降、SinglyLinkedListに対して以下のメソッドを順に実装していきます。いずれのメソッドも断りがない場合は、処理に失敗するとエラーメッセージを表示して何も行わないことにします。

メソッド	説明
append(value)	要素を末尾に追加する
__str__	文字列表現を返す
get(idx)	指定したインデックスの要素を返す
insert(idx, value)	指定したインデックスに要素を追加する
delete(idx)	指定したインデックスの要素を削除する

要素の追加

単連結リストで要素を追加する場合、新たな要素を生成し、以下のように最後の要素のポインタの参照先に新たな要素を設定します。

図 3-4

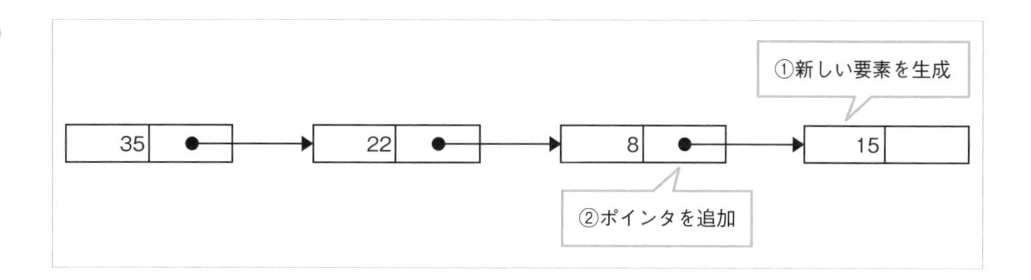

最後の要素を見つけるには、先頭から順にリンクが設定されていないノードまでたどる必要があります。while文を使用してnextがなくなるまでたどると末尾にたどり着くことができます。以下のコードはSinglyLinkedListの末尾に要素を追加するメソッドです。

コード 3-3

```
    def append(self, value):

        # 新たにノード生成
        new_node = Node(value)

        # 先頭から順にリンクが設定されていないノード(=終端ノード)までたどる
        current_node = self.head
        while current_node.next:
            current_node = current_node.next

        # 終端ノードのnextに生成したnodeを設定する
        current_node.next = new_node
```

current_nodeに先頭ノードを格納し、ループでひとつずつポインタをたどります。終端ノードにたどり着くとnextがNoneとなるため、ループを抜けることができます。

単連結リストの可視化

appendで要素を追加できるようになりましたが、ここで内部がどうなっているのか確認できるように__str__を実装してみましょう。先ほどと同様にポインタをたどって値の文字列をつなげたものを返します。ただしループの終了条件は異なるので注意してください。

コード 3-4

```
    def __str__(self):
        nodes = []
        current_node = self.head
        while current_node:
            nodes.append(str(current_node))
            current_node = current_node.next

        return "-".join(nodes)
```

先ほど実装したappendの動作を確認してみましょう。以下のコードでは、SinglyLinkedListに適当な数字を追加し、途中でダンプして、なかの様子を確認しています。

コード 3-5

```
my_list = SinglyLinkedList(35)
my_list.append(22)
my_list.append(8)
print(my_list)
my_list.append(15)
print(my_list)
```

以下のように要素が連なっている様子が可視化されます。

実行結果

```
35-22-8
35-22-8-15
```

要素の取得

次に、追加した要素を取得するメソッドを追加してみましょう。引数に何番目かを表すインデックスを指定します。やはりwhile文でひとつずつ要素をたどることになります。指定したインデックスの要素がない場合はNoneを返すことにします。

コード 3-6

```
    def get(self, idx):
        # 先頭からidx番目までノードをたどる
        current_node = self.head
        current_idx = 0
        while current_node and current_idx < idx:
            current_node = current_node.next
            current_idx += 1

        return current_node
```

getの動作を確認してみましょう。要素をふたつ追加した後、getでインデックスの0、1、2を指定して取り出してみます。

コード 3-7

```
my_list = SinglyLinkedList(35)
my_list.append(22)
x = my_list.get(0)
y = my_list.get(1)
z = my_list.get(2)
print(x, y, z)
```

以下のようにappendで挿入した要素が取得でき、要素がないインデックスを指定するとNoneが返されることが確認できます。

実行結果

```
35 22 None
```

要素の挿入

ではいよいよ連結リストが得意とする要素の挿入です。指定したインデックスの場所に要素を設定します。処理順序としては、次ページのようにしてポインタを付け替えることで挿入ができます。

1. 新しい要素を生成する
2. 新しい要素のポインタに、指定したインデックスのひとつ手前の要素のポインタが指し示している要素を設定する
3. 指定したインデックスのひとつ手前の要素のポインタを新しい要素に付け替える

図3-5

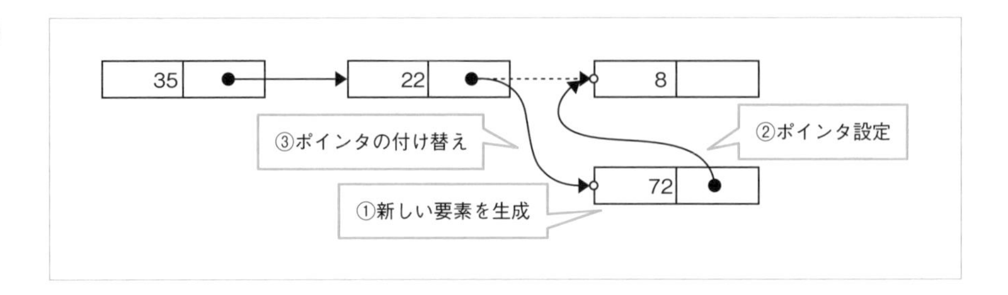

では実装です。指定されたidxが先頭の場合はheadを付け替えます。先頭以外の場合は前述のとおりひとつ前の要素のポインタを付け替えます。

コード3-8

```
def insert(self, idx, value):
    # 新たにノード生成
    new_node = Node(value)

    # 先頭への挿入の場合、headを付け替え
    if idx == 0:
        new_node.next = self.head
        self.head = new_node
        return

    # 先頭以外の場合はidxのひとつ前の要素を取得
    pre_node = self.get(idx - 1)

    # 指定した要素が見つからない場合は終了
    if not pre_node:
        print("Can't insert")
        return

    # 参照先を付け替え挿入
    new_node.next = pre_node.next
    pre_node.next = new_node
```

動かして動作を確認してみましょう。要素を3つ追加した後、0から数えて2番目に要素を挿入してみます。

コード 3-9

```
my_list = SinglyLinkedList(35)
my_list.append(22)
my_list.append(8)
print(my_list)
my_list.insert(2, 72)
print(my_list)
```

実行すると、以下のとおり2番目に要素が挿入されていることが確認できます。

実行結果

```
35-22-8
35-22-72-8
```

少し複雑な処理ですが、配列のように後方の要素をすべて移動するわけではなく、ポインタの付け替えで処理が完了することがわかると思います。

要素の削除

最後に要素の削除です。指定されたインデックスの要素を削除するわけですが、以下の図のように、削除対象要素のひとつ手前の要素のポインタを付け替える処理となります。

図 3-6

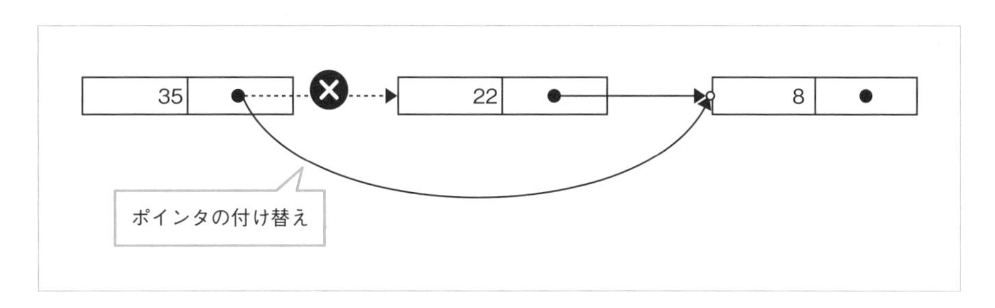

実装はinsertと同様、指定されたidxが先頭の場合はheadを付け替え、先頭以外の場合はひとつ前の要素のポインタを付け替えます。

コード 3-10

```
    def delete(self, idx):

        # 先頭の場合、headを入れ替え
        if idx == 0:
            if not self.head:
                print("Can't delete")
            else:
                self.head = self.head.next

            return

        # 先頭以外の場合、idxのひとつ前の要素と当該要素を取得
        pre_node = self.get(idx - 1)
        if not pre_node:
            print("Can't delete")
            return

        target_node = pre_node.next
        if not target_node:
            print("Can't delete")
            return

        # 参照先を付け替え削除
        pre_node.next = target_node.next
```

対象の要素がどこからも参照されなくなるため、実質削除されたとみなせるわけです。また、第2章で解説したとおり適当なタイミングでメモリ上からも削除されます。

実際に動かして動作を確認してみましょう。以下のコードでは3つ要素を追加し、0番目から数えて1番目を削除してみます。

コード 3-11

```
my_list = SinglyLinkedList(35)
my_list.append(22)
my_list.append(8)
print(my_list)
my_list.delete(1)
print(my_list)
```

実行すると、次ページのとおり1番目の22が削除されたことが確認できます。

実行結果

```
35-22-8
35-8
```

先頭に挿入する場合、先頭の要素の参照を付け替えるだけで完了するため非常に高速です。実際、大量データを格納した状態で、先頭への挿入速度をarrayと比較すると、今回実装したSinglyLinkedListのほうが高速に実行できます。一方で、末尾のデータを取り出すには参照をたどっていく必要があるため、参照や後方への挿入は実用に耐えられないほど遅くなります。

補足 双方向リスト

先ほど実装したコードでは挿入や削除の際、ひとつ手前の要素を取得するために、getメソッドを呼び出していましたが、getメソッド内部では先頭から順にたどって目的の要素にアクセスしています。

つまり、挿入、削除時に必ず毎回先頭から手前の要素まで順にたどる必要があり、あまり効率的とは言えません。

そこで、逆方向にもポインタをもたせることで逆方向にも順にたどれるようにしたデータ構造が**双方向リスト**です。

下図は双方向リストのデータイメージです。後方へのポインタに加え、前方へのポインタがあります。

図 3-7

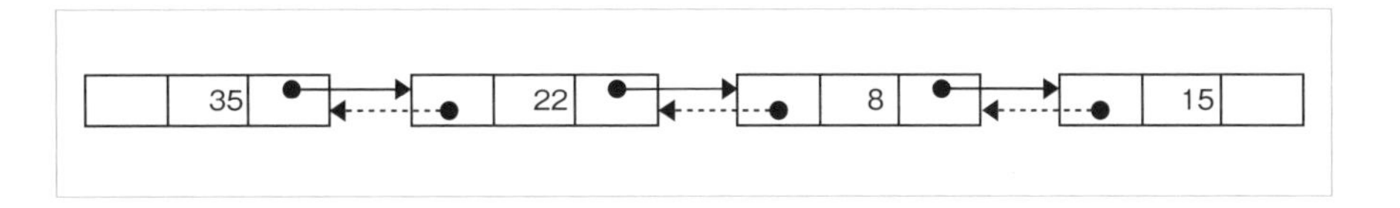

例えば、15の要素のひとつ手前を取得するような処理の場合、単連結リストの場合は先頭から35→22→8と順にたどることになりますが、双方向リストの場合、15→8とひとつ手前の要素に1回でアクセスすることが可能となります。

難易度 ★★★

3-3 連結リストと配列の比較

最後にまとめとして連結リストと配列について比較を一覧化します。冒頭で述べたとおり、ベクトル演算のようにデータ列の要素ごとに計算を行うような処理の場合は配列を使用したほうが良いのですが、要素の挿入削除が多い場合は連結リストを使用したほうが良い、といったことが理解できたと思います。

比較項目	配列	連結リスト
要素のサイズ	同じサイズのみ可能	さまざまなサイズが可能
要素へのアクセス	メモリアドレスを計算してアクセスするため速い	ポインタをたどるため遅い
要素の挿入・削除	当該要素の後方を移動させる必要があるため遅い	ポインタの付け替えで済むため速い

なお、前述のとおり、Pythonのlist型は連結リストではなく配列にポインタを格納した独自のデータ構造です。連結リストと比較して挿入削除がそれほど速いわけではありません。

Pythonの連結リスト

Pythonでは、標準ライブラリのdequeモジュールが双方向リストとして実装されています。実際、先頭への挿入や削除がarrayモジュールやlist型と比較して非常に高速です。

list型と同様にappendで要素の追加ができ、インデックス指定で要素の参照、popで取り出し、delで削除といったことが可能です。

コード 3-12

```
from collections import deque

my_deque = deque()
my_deque.append(1)
my_deque.append(2)
my_deque.append(3)

print(my_deque[1])
x = my_deque.pop()
print(x)
del my_deque[0]
print(my_deque)
```

実行結果

```
2
3
deque([2])
```

詳細は以下URLを参照してください。

・dequeオブジェクト
https://docs.python.org/ja/3/library/collections.html#collections.deque

章末問題

Q1 配列の特徴を述べたものは次のうちどれか。

ア：　先頭へのデータの追加が高速である
イ：　途中の要素の削除が高速である
ウ：　さまざまな型のデータを混ぜて格納することができる
エ：　連続したメモリ領域に格納している

Q2 配列と連結リストの特徴を比較した組み合わせのうち正しいものはどれか。

比較項目	配列	連結リスト
異なるサイズの要素の格納	①	②
要素へのアクセス	③	④
要素の挿入・削除	⑤	⑥

ア：　①可能、②不可、③速い、④遅い、⑤遅い、⑥速い
イ：　①可能、②可能、③速い、④遅い、⑤速い、⑥遅い
ウ：　①不可、②可能、③遅い、④速い、⑤遅い、⑥速い
エ：　①不可、②可能、③速い、④遅い、⑤遅い、⑥速い

第4章

スタックとキュー

第３章で学んだ配列・リストの応用的なデータ構造として、データの取り出し順序にルールがあるスタックとキューと呼ばれるものがあります。第４章ではこのスタックとキューについて解説します。

難易度 ★☆☆

4-1 スタック

4-1-1 スタックとは

みなさんの部屋や机に、以下のイラストのように積み上がった本やノート類はないでしょうか？　このように物が積み上がった状態を英語ではスタック（stack）と呼びます。

図 4-1

この山に新たに本を追加する場合、おそらく上に置くと思います。また、取り出す場合は上から順に取り上げると楽そうです。

図 4-2

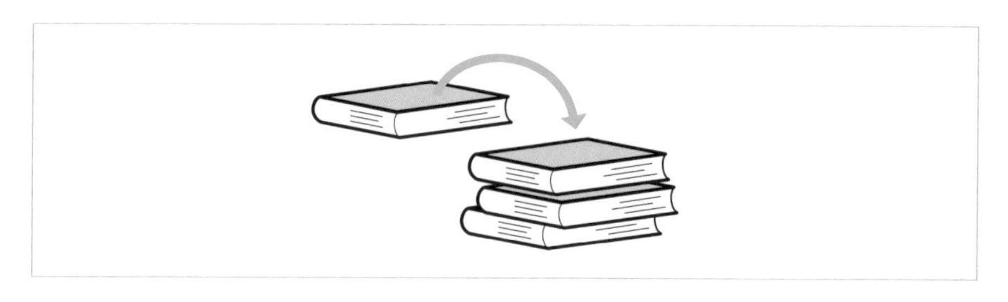

このように、後から入れたものから取り出すようなデータ構造を、積み上げた物になぞらえて**スタック**と呼びます。後から入れたものを先に取り出すことを**後入れ先出し**や、その英語のLast-In First-Outの頭文字を取って**LIFO**と呼ぶこともあります。

4-1-2 スタックの操作

プログラム上でスタックを使用してデータを管理・操作するしくみについて、もう少し詳しく解説します。最初のうちは、スタックを以下のような底の塞がった入れ物に積み入れていくようなものだとイメージすると、理解しやすいでしょう。

図 4-3

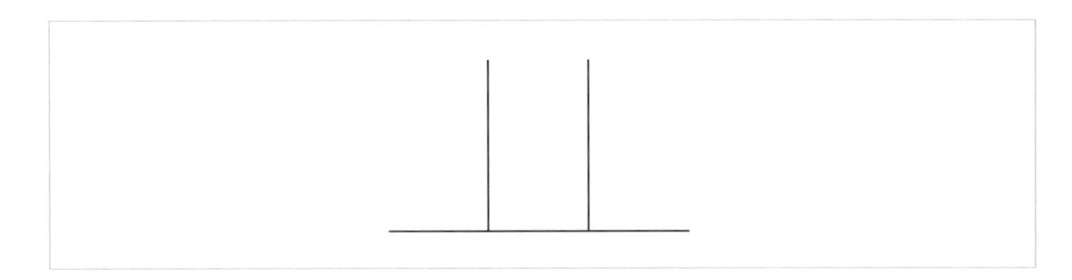

例えば、「a、b、c」の3つのデータを順にスタックに入れる場合、下図のように順番に積み上がります。

図 4-4

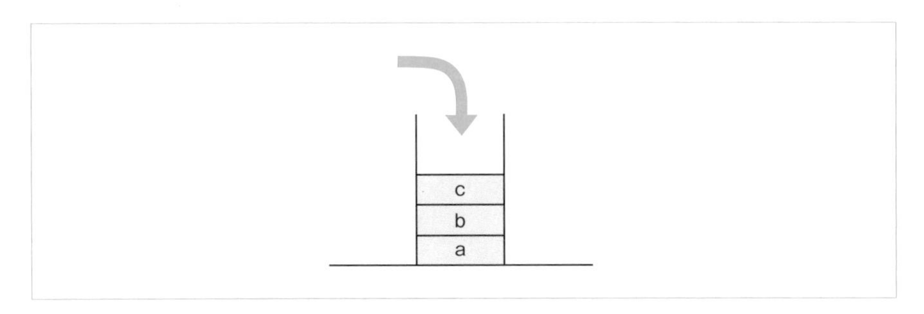

データを取り出す場合、入れた順とは逆にc、b、aの順で取り出されます。

図 4-5

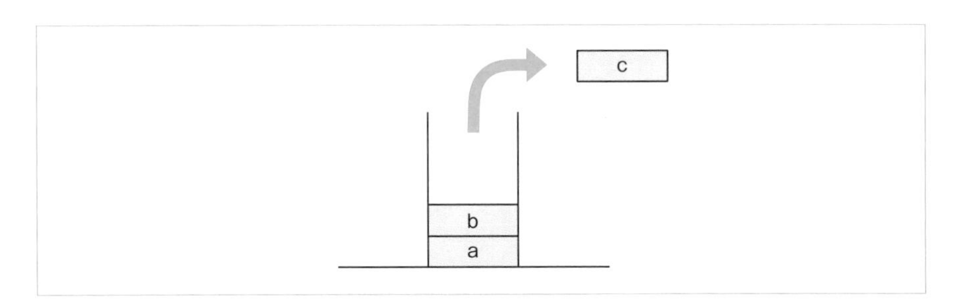

データをスタックに入れる操作をpush、データを取り出すときはpopと呼びます。また、スタックにはサイズの上限が設定されている場合があります。

難易度 ★☆☆

4-2 スタックの実装

4-2-1 list型によるスタック実装例

Pythonのlist型変数と、そのappendメソッドおよびpopメソッドを使用すると、ほぼそのままスタックとして使用することができます。基本的な文法の解説となりますが、appendメソッドは引数で指定した変数を末尾に追加します。また、popは末尾からデータを取り出しその値を返します。

コード4-1

```
class MyStack:

    def __init__(self):
        self.data = []

    def push(self, value):
        self.data.append(value)

    def pop(self):
        return self.data.pop()

    def __str__(self):
        return str(self.data)
```

それぞれのメソッドの説明は次ページの表のとおりです。

メソッド	説明
push(value)	引数で指定したデータを追加する
pop	データを取り出す
__str__	文字列表現を返す

先ほどの状況を再現してみます。以下のコードではa、b、cを順にpushしたのち3回popしています。

コード 4-2

```
my_stack = MyStack()

# データを順にpushする
my_stack.push("a")
print(my_stack)
my_stack.push("b")
print(my_stack)
my_stack.push("c")
print(my_stack)

# データを順にpopし、val1～val3に代入する
val1 = my_stack.pop()
print(my_stack)
val2 = my_stack.pop()
print(my_stack)
val3 = my_stack.pop()
print(my_stack)

# 取り出したデータを確認する
print(val1, val2, val3)
```

pushによりデータが末尾に追加され、popにより末尾から取り出されていることが確認できます。

実行結果

```
['a']
['a', 'b']
['a', 'b', 'c']
['a', 'b']
['a']
[]
c b a
```

4-2-2 固定長のスタック実装例

Pythonのlist型には便利なpopとappendがあらかじめ用意されており拡張も容易です。しかし、ここではそれらを使わず言語に拠らない本質的な理解を目的として、あらかじめデータの長さが定められた固定長のデータ列の場合のスタックの実装方法についても紹介します。

固定長の場合、現在どこまで使用されており、どこから追加できるのか？というインデックス位置を指し示すものを使用してデータを管理することになります。本章ではその位置を指し示すものを**ポインタ**と呼ぶことにします。

ポインタは下図のように使用していないインデックスの最初を指し示すものとします。つまり、ポインタの位置の手前までがすでに使用されており、ポインタの位置に新たなデータの追加が可能というわけです。

図 4-6

ここの手前まで使用
▼

0	1	2	3	4	5
'a'	'b'	'c'			

メソッドは下表のとおり、前節でlist型を使用して実装したときと同様です。

メソッド	説明
push(value)	引数で指定したデータを追加する
pop	データを取り出す
__str__	文字列表現を返す

また、Nはデータ列の長さを表すものとします。それでは実装してみましょう。

まず、`__init__`では`stack`をデータを格納する固定長のデータ列とみなし、定まった長さのlist型をNoneで初期化します。また、データがどこまで使用しているのかを指し示すポインタ、変数`pointer`を`0`で初期化します。

コード4-3

```
class MyStack:

    def __init__(self, N):
        self.N = N
        self.stack = [None] * N
        self.pointer = 0
```


次にデータを追加するpushを実装してみましょう。

コード4-4

```
    def push(self, value):
        if self.N <= self.pointer:
            # スタックがいっぱいの場合はpush失敗
            print("スタックがいっぱいなのでpushできません。")
            return

        self.stack[self.pointer] = value
        self.pointer += 1
```

スタックがいっぱいになった場合、つまりpointerがデータ列の範囲を超えた場合はそれ以上格納できないため、エラーメッセージを表示して何も行わないことにします。データの追加が可能な場合、ポインタが指し示すインデックスの位置にデータを格納し、ポインタをひとつ進めます。

次にデータを取り出すpopを実装してみましょう。

コード4-5

```
    def pop(self):
        # スタックに要素がない場合はpop失敗
        if self.pointer == 0:
            print("スタックに要素がないのでpopできません。")
            return

        value = self.stack[self.pointer - 1]
        self.stack[self.pointer - 1] = None
        self.pointer -= 1
        return value
```

スタックに要素がない場合、つまりポインタが0を指し示している場合は、それ以上データを取り出せないため、エラーメッセージを表示して何も行わないことにします。データがある場合、ポインタが指し示すインデックスのひとつ手前がデータの最後尾なので、そこから取り出します。また、ポインタをひとつ戻します。8行目ではNoneを代入してクリアしていますが、この処理はなくともポインタのおかげで管理範囲外のデータは無視されるため、スタックとしては動作します。これは、ダンプすると管理範囲外のデータも表示されてしまうため、説明用に実装しています。

最後にダンプするために適宜__str__を実装してみてください。以下はstackの文字列表現を表示するための実装例です。

コード4-6

```
    def __str__(self):
        return str(self.stack)
```

では、実装したクラスを使ってスタックにデータの格納と取得を行ってみましょう。以下のコードは、大きさ4のスタックを生成して先ほどと同様にデータをpush/popして結果を確認しています。

コード4-7

```
my_stack = MyStack(4)

# データを順にpushする
my_stack.push("a")
print(my_stack)
my_stack.push("b")
print(my_stack)
my_stack.push("c")
print(my_stack)

# データを順にpopし、val1～val3に代入する
val1 = my_stack.pop()
print(my_stack)
val2 = my_stack.pop()
print(my_stack)
val3 = my_stack.pop()
print(my_stack)

# 取り出したデータを確認する
print(val1, val2, val3)
```

実行すると、次ページのように前節と同じような結果を得ることができます。

実行結果

```
['a', None, None, None]
['a', 'b', None, None]
['a', 'b', 'c', None]
['a', 'b', None, None]
['a', None, None, None]
[None, None, None, None]
c b a
```

難易度 ★★☆

4-3 スタックの活用例

4-3-1 構文解析

スタックはデータの一時退避が必要な処理でよく使用されるのですが、とくに活躍するのがコンピューター言語の**構文解析**です。決められた規則で記述された言語の意味や整合性を解析することを指します。

簡単な例として、丸カッコの対応が正しいかどうかのチェッカーを作成して、具体的にどうデータが使用されるのかを確認してみましょう。

以下の入れ子になっている丸カッコの閉じ開きが正しく対応付いているか、どうやって判断すると良いでしょうか？　少し考えてみてください。

実行結果

```
(1, 5, 7, (3, 4, 8),(2, 9, 8)
```

前述のとおり、これはスタックを活用すると簡単に解析することが可能です。

コード4-8

```
class MyStack:

    def __init__(self):
        self.data = []

    def push(self, value):
        self.data.append(value)

    def pop(self):
        return self.data.pop()
```

```
    def __str__(self):
        return str(self.data)


def check_parentheses(text):
    stack = MyStack()
    for c in text:
        if c == '(':
            stack.push(c)

        if c == ')':
            try:
                stack.pop()
            except IndexError:
                return False

    if len(stack.data) == 0:
        return True
    else:
        return False


def main():
    my_text = '(1, 5, 7, (3, 4, 8),(2, 9, 8)'
    result = check_parentheses(my_text)
    if result:
        print("OK")
    else:
        print("NG")


main()
```

実行すると、以下のとおりカッコの対応が正しくないことがわかります。

実行結果

```
NG
```

コードの解説です。MyStackはコード4-1をそのまま使用しています。また、関数check_parenthesesは、引数で指定した文字列の丸カッコの対応が妥当かどうかを検査します。この関数内部でスタックを活用しています。文字列を1文字ずつループで取り出し、開きカッコがあればスタックにpushします。閉じカッコが現れた場合、スタックから取り出します。ここで開きカッコが取り出せれば、1組のカッコとしてペアが成立します。ところが閉じカッコに対応する開きカッコが取り出せなかったり、処理が終わっても取り出されない開きカッコがあればカッコの対応が不正であると判定できます。変数`my_text`を適宜更新して結果を確認してみてください。

もう少し応用的な例として逆ポーランド記法の解析が挙げられます。情報処理技術者試験などでよく取り扱われる比較的ポピュラーなトピックなのですが、これについては第11章で解説します。

難易度 ★★★

4-4 キュー

銀行のATMやスーパーのレジなどで人が並ぶ待ち行列を、英語ではキュー（Queue）と呼びます。待ち行列では、並んだ人が先着順にサービスを受けることになります。

図 4-7

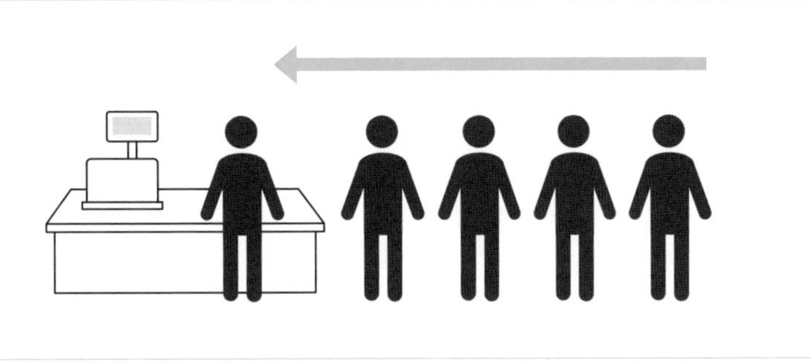

プログラミングの世界では、このように先に入れたものから取り出すようなデータ構造を、待ち行列になぞらえて**キュー**と呼びます。先に入れたものを先に取り出すことを**先入れ先出し**や、その英語のFirst-In First-Outの頭文字を取って**FIFO**と呼ぶこともあります。

4-4-1 キューの操作

プログラム上でキューを使用してデータを管理・操作するしくみについて、もう少し詳しく解説します。キューは、次ページの図のような、両端が空いた容器に端からデータを入れて取り出すイメージとなります。

図 4-8

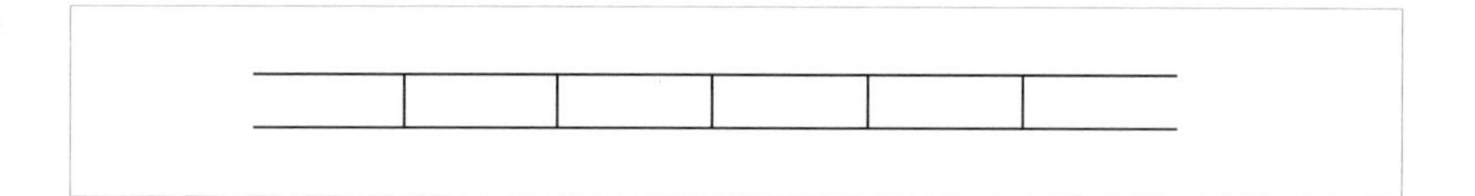

例えば、「a、b、c」の3つのデータを順にキューに入れる場合、下図のようになります。

図 4-9

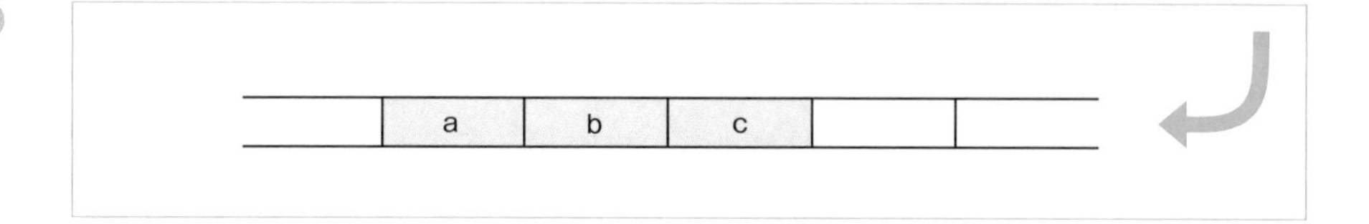

データを取り出す場合、先に入れたa、b、cの順で取り出されます。

図 4-10

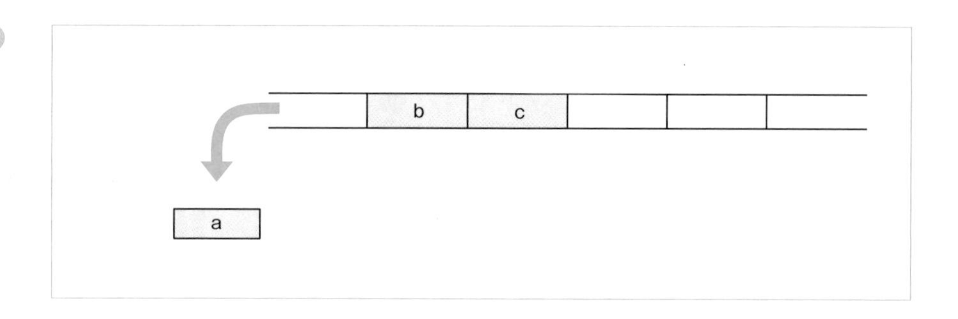

キューにデータを入れる操作を**エンキュー**（enqueue）、キューからデータを取り出す操作を**デキュー**（dequeue）と呼びます。また、キューにはサイズの上限が設定されている場合があります。

難易度 ★☆☆

4-5 キューの実装

スタックの場合と同様、Pythonのlist型はpopとappendを使用すると、ほぼそのままキューとして使用することができます。list型のpopは引数を指定しない場合は末尾のデータが取得できましたが、引数に取り出すインデックスを指定することができます。このため、0を指定すると、先頭からデータを取り出すことができます。

コード4-9

```
class MyQueue:
    def __init__(self):
        self.que = []

    def enqueue(self, value):
        self.que.append(value)

    def dequeue(self):
        return self.que.pop(0)

    def __str__(self):
        return str(self.que)
```

それぞれのメソッドの説明は以下のとおりです。

メソッド	説明
enqueue(value)	データを追加する
dequeue	データを取り出す
__str__	文字列表現を返す

先ほどの状況を再現してみます。以下のコードではa、b、cを順にenqueueした後、dequeueしています。

コード 4-10

```
q = MyQueue()

# データを順にenqueueする
q.enqueue('a')
print(q)
q.enqueue('b')
print(q)
q.enqueue('c')
print(q)

# データを順にdequeueし、val1～val3に代入する
val1 = q.dequeue()
print(q)
val2 = q.dequeue()
print(q)
val3 = q.dequeue()
print(q)

# 取り出したデータを確認する
print(val1, val2, val3)
```

入れた順にデータが取り出されていることが確認できます。

実行結果

```
['a']
['a', 'b']
['a', 'b', 'c']
['b', 'c']
['c']
[]
a b c
```

4-5-1 固定長配列の場合のキューの実装例

スタックの場合と同様、言語に拠らない本質的な理解を目的として、あらかじめデータの長さが定まっている固定長の場合のキューの実装方法についても紹介します。

リングバッファ

スタックの場合は常に末尾のデータを取り出せばよかったのですが、キューの場合は工夫が必要となります。例えば、長さが4のデータ列で単純にキューの操作をしてみる場合について考えてみます。以下のデータの出し入れをした場合について考えてみましょう。

1. "a"、"b"、"c"をエンキュー
2. ふたつデータをデキュー
3. "d"、"e"をエンキュー

まず、先頭から順にデータを追加します。

図 4-11

0	1	2	3
a	b	c	

次にデータをふたつ取り出します。キューなので先頭から取り出すことになるため、a、bが取り出されます。

図 4-12

0	1	2	3
		c	

次にデータを追加したいところですが、後方に空きがありません。

図 4-13

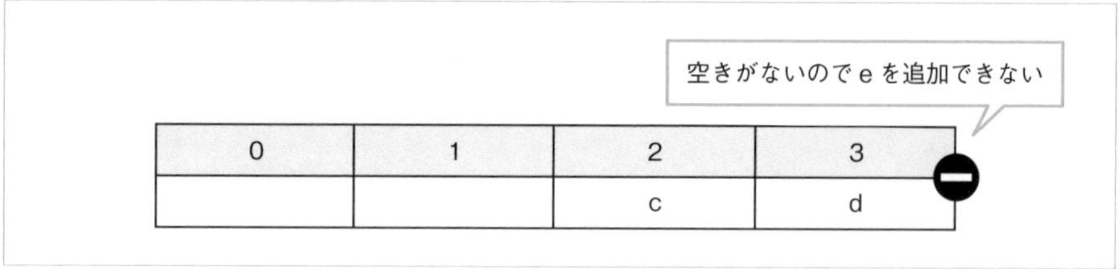

0	1	2	3
		c	d

空きがないのでeを追加できない

一方で前方に空きがあるため、ここを活用したいところです。前方と後方をつなげてインデックスの2～0をデータの格納範囲として管理すれば、前方の空いた部分を活用することができそうです。

図 4-14

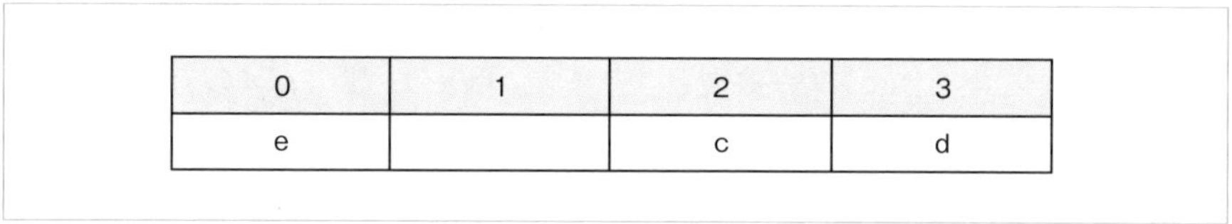

0	1	2	3
e		c	d

このように前方と後方を論理的につなげ、環状とみなしてキューを構成する方法を**リングバッファ**と呼びます。データの格納範囲をインデックスで管理し、インデックスが終端を超える場合は剰余を利用して一定の範囲内に収まるようにします。

では、具体的な動作例として、先ほどと同様に長さが4の場合のリングバッファで実装されたキューの論理的な動作イメージを見てみましょう。次ページの図では、上部には両端をつなげる前のキューを、下部には対応するリングバッファを示しています。headとtailはそれぞれ以下のインデックスを表します。

- head： キューの先頭位置（取り出す位置）
- tail： キューの末尾位置（挿入する位置）

まず、キューが空の状態の場合、大きさが4の配列の両端をつなげた形となります。リング外側の数字はインデックスを、内側の枠はデータを表しています。headとtailは最初それぞれインデックス0を指し示しています。

図 4-15

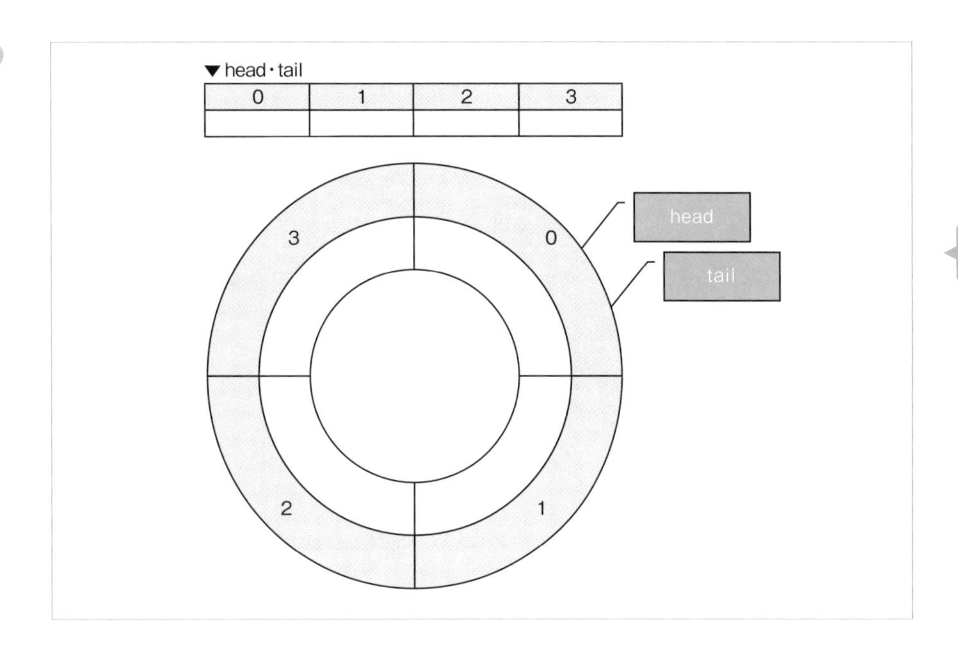

ここから、データa、b、c、d、eをキューに追加したり取り出したりする操作を行った場合のリングバッファの動きを解説します。まず、データ"a"をエンキューすると、tailの位置、つまり0番目に挿入され、tailの位置がひとつ進められます。

図 4-16

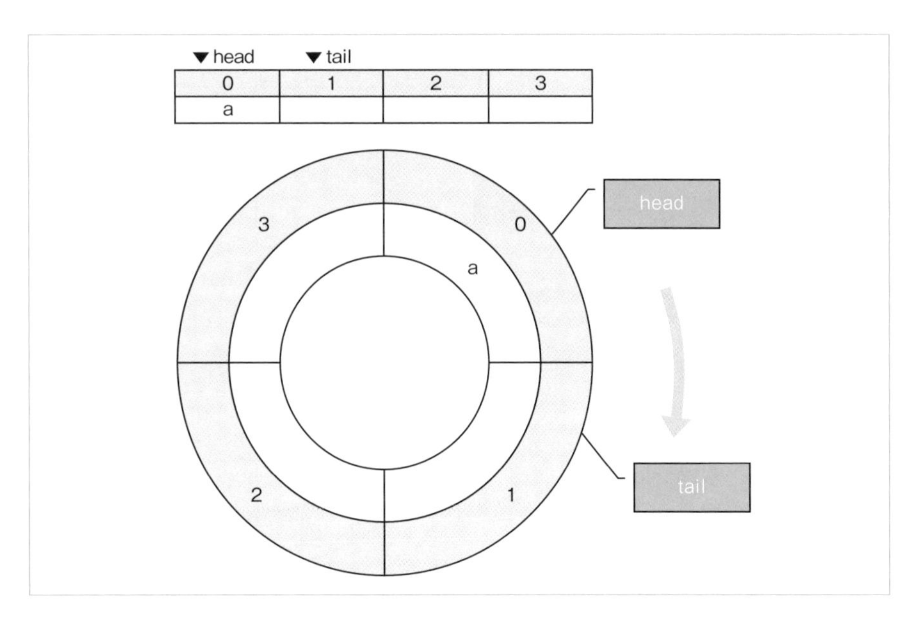

続けて"b"、"c"をエンキューすると、やはりそのtailの位置に挿入し、tailがひとつずつ進められます。

図 4-17

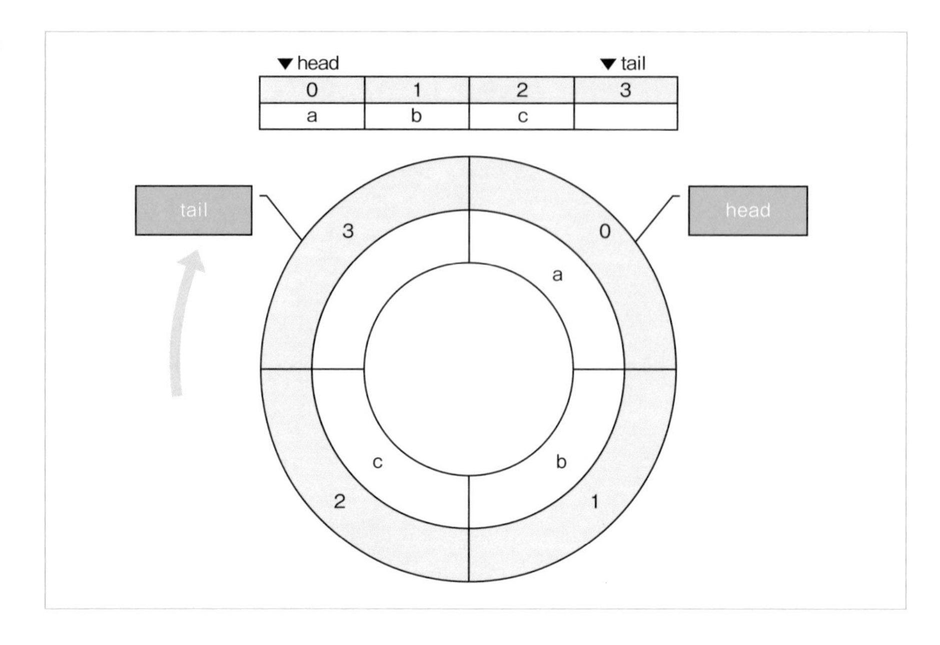

今度はひとつデキューしてみます。先頭から取り出すため、head、つまり0番目からデータが取り出されます。今度はheadの位置がひとつ進められます。

図 4-18

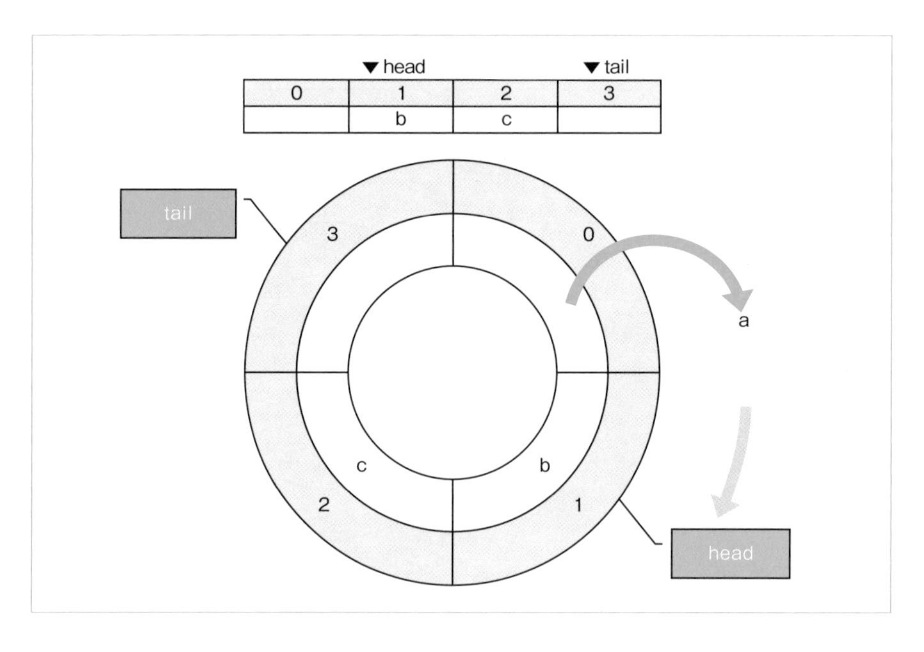

続けてデキューしてみます。やはりheadの位置がひとつ進められます。

図 4-19

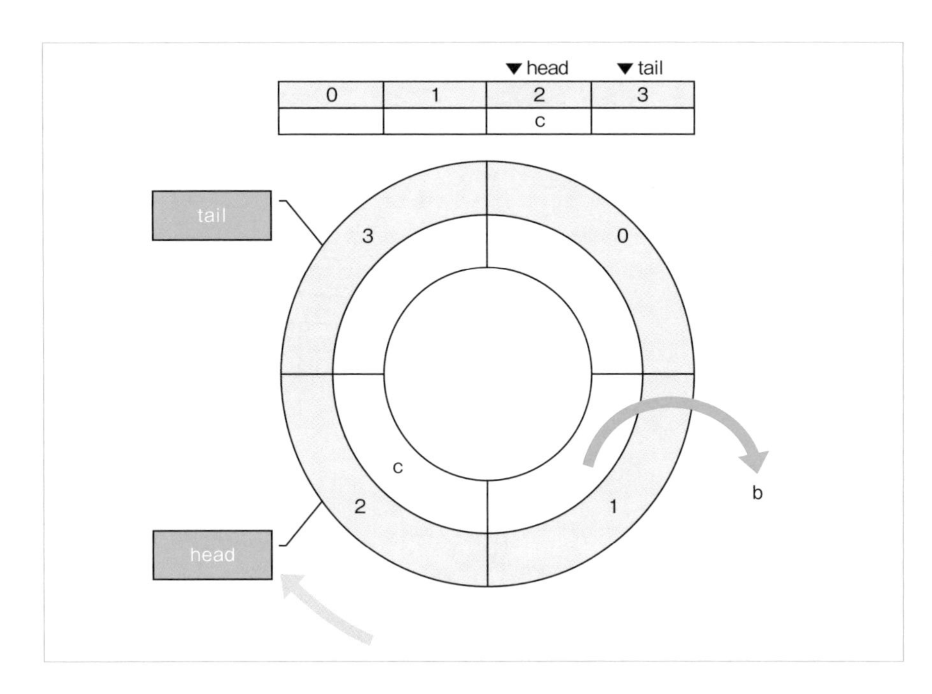

次に"d"、"e"ふたつをエンキューしてみますが、ここがひとつの山場です。tailの位置がふたつ進み3→4→5となりますが、終端のインデックスを超えてしまいます。冒頭で述べたとおり、4の剰余を使用しtailの位置は3→0→1となります。

図 4-20

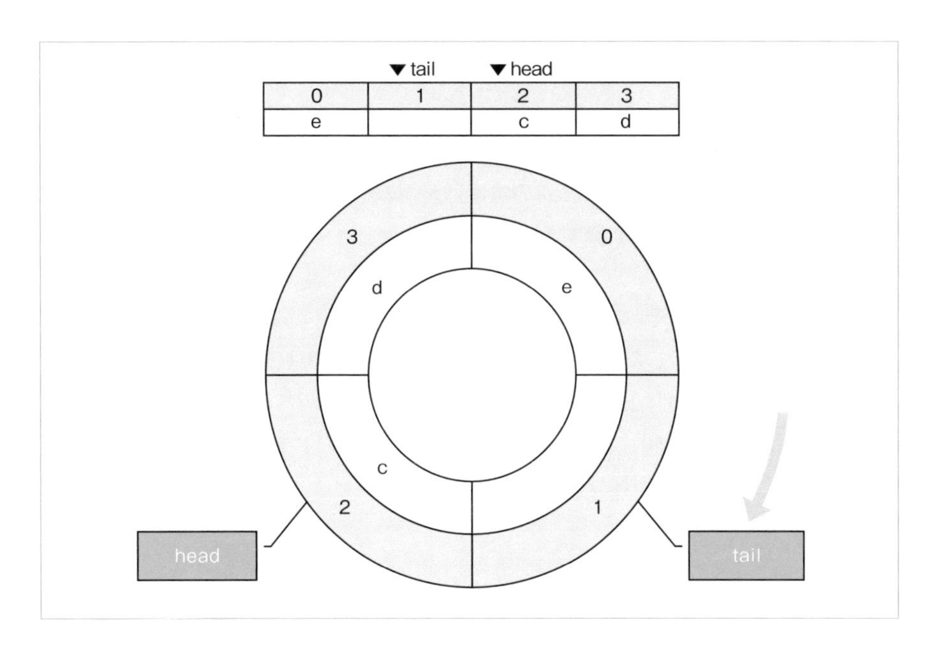

そこからふたつデキューすると、headの位置がふたつ進みます。tailの場合と同様、終端のインデックスを超えてしまうため、4の剰余を使用してheadの位置は2→3→0となります。

図4-21

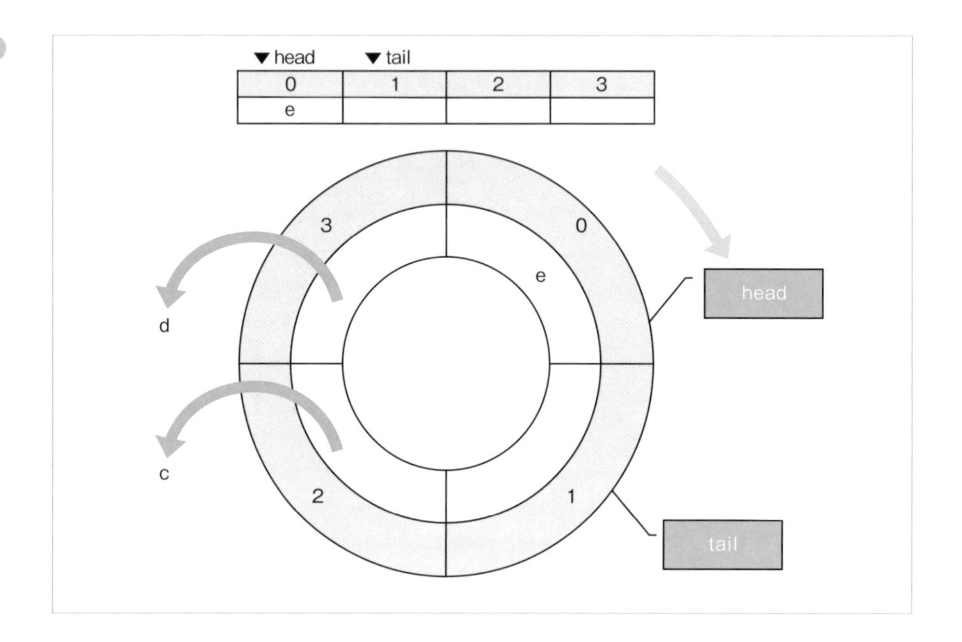

比較的複雑な動きに感じた方も多いと思いますが、重要なポイントは以下のとおりです。

- キューの先頭位置、末尾位置を表すhead、tailというふたつのデータが必要となる
- head、tailの位置は終端のインデックスを超える場合があるため、剰余を利用して計算する必要がある

それでは固定長のキューを実装してみましょう。メソッドはlist型を使用して実装したときと同じです。ただし、Nはキューの長さを表すものとします。まず、`__init__`ではデータを格納する固定長のつもりでlistをNoneで初期化します。また、`head`、`tail`は先ほど解説したとおりデータの範囲を、`count`は格納されたデータの個数を表します。

コード 4-11

```
class MyQueue:

    def __init__(self, N):

        self.N = N
        self.que = [None] * N
        self.head = 0  # キューの先頭
        self.tail = 0  # キューの末尾
        self.count = 0
```

次にデータを追加するenqueueを実装してみましょう。

コード 4-12

```
    def enqueue(self, value):
        if self.count == self.N:
            # キューがいっぱいの場合はエンキュー失敗
            print("キューがいっぱいなのでエンキューできません。")
            return

        # キューの最後尾に値を設定
        self.que[self.tail] = value

        # データ件数+1
        self.count += 1

        # キューの最後尾の位置をひとつ後ろにずらす。
        self.tail = (self.tail + 1) % self.N
```

キューがいっぱいになった場合、つまりcountがNを超えた場合はそれ以上格納できないため、エラーメッセージを表示して何も行わないことにします。それ以外の場合はキューの末尾、つまりtailの位置に値を設定します。その後、データ件数を加算し、tailの位置を進めますが、終端のインデックスを超えた場合のため、Nの剰余を使用します。

次に、データを取り出すdequeueを実装してみましょう。次ページのコードを見てください。

コード 4-13

```
    def dequeue(self):

        # キューに要素がない場合はデキュー失敗
        if self.count == 0:
            print("キューに要素がないのでデキューできません。")
            return

        # キューの先頭からデータを取り出す
        value = self.que[self.head]
        self.que[self.head] = None

        # データ件数-1
        self.count -= 1
        # 先頭の位置をひとつ進める
        self.head = (self.head + 1) % self.N

        # 取り出した値を返す
        return value
```

キューに要素がない場合はそれ以上データを取り出せないため、エラーメッセージを表示して何も行わないことにします。それ以外の場合、キューの先頭、つまりheadの位置のデータを取り出します。その後、データ件数を減らしtailの位置を進めます。エンキューの場合と同様、終端のインデックスを超えた場合のため、Nの剰余を使用します。

なお、10行目でNoneを代入してクリアしていますが、この処理はなくともキューとしては動作します。スタックのときと同様に、ダンプすると管理範囲外のデータも表示されてしまうため説明用に実装しています。

最後にダンプするために適宜__str__を実装してみてください。以下はhead、tail位置とキューの要素を表示するための実装例です。

コード 4-14

```
    def __str__(self):
        return "(head:{head}, tail:{tail}) {que}".format
            (head=self.head, tail=self.tail, que=self.que)
```

冒頭で解説した長さ4の場合の状況を再現してみます。必要に応じてダンプ処理を追加して動きを確認してみてください。

コード 4-15

```
q = MyQueue(4)
q.enqueue("a")
print(q)
q.enqueue("b")
q.enqueue("c")
print(q)

a = q.dequeue()
print(q)

b = q.dequeue()
print(q)

q.enqueue("d")
q.enqueue("e")
print(q)

c = q.dequeue()
d = q.dequeue()
print(q)
```

実行すると以下のように表示され、先ほどの解説図と同様、論理的にぐるりと一周していることが確認できます。

実行結果

```
(head:0, tail:1) ['a', None, None, None]
(head:0, tail:3) ['a', 'b', 'c', None]
(head:1, tail:3) [None, 'b', 'c', None]
(head:2, tail:3) [None, None, 'c', None]
(head:2, tail:1) ['e', None, 'c', 'd']
(head:0, tail:1) ['e', None, None, None]
```

難易度 ★★★

4-6 キューの活用例

時間がかかる処理や、時間がかかるタイミングが異なるような複数の処理は、**非同期処理**と呼ばれる方法で行うことで、処理時間の短縮やリソース使用の効率化をすることができます。少し難しい用語ですが、複数の処理を同時に実行することだと思ってください。キューはこの非同期処理を行う場合のデータの授受で活躍します。応用的な内容となってしまうため詳細な解説は割愛しますが、**マルチスレッド**と呼ばれる非同期処理でキューを用いてデータを受け渡すコード例を紹介します。

コード 4-16

```
import threading
import queue
import time

q = queue.Queue()


def producer():
    """ キューに処理対象データを追加 """
    print("producer: データ追加処理開始")
    # データをエンキュー
    # (nは処理に要する時間で、順番に実行すると処理時間は14秒かかる)
    q.put({"task": "データ1", "n": 2})
    q.put({"task": "データ2", "n": 3})
    q.put({"task": "データ3", "n": 5})
    q.put({"task": "データ4", "n": 4})
    print("producer: データ追加処理終了")


def worker():
    """ キューからデータを取り出して処理を実行 """
    while True:
        item = q.get()
        if item is None:
```

```
                break
            print("worker:", item.get("task") + "の処理を開始します")
            time.sleep(item.get("n"))  # ダミー処理
            print("worker:", item.get("task") + "の処理を終了します")
            q.task_done()


def main():
    print("全体処理開始")
    start_time = time.perf_counter()

    # producerのスレッドを起動
    pt = threading.Thread(target=producer)
    pt.start()

    # workerのスレッドをふたつ起動
    wts = []
    for _ in range(2):
        t = threading.Thread(target=worker)
        t.start()
        wts.append(t)

    # キューが空になるまで処理をブロック
    q.join()
    # thread数分Noneをpushして各workerのthreadを終了
    for _ in range(len(wts)):
        q.put(None)

    # 各スレッドが終了するまで待機
    pt.join()
    [t.join() for t in wts]

    # 処理時間を表示
    end_time = time.perf_counter()
    elapsed_time = end_time - start_time

    print("全体処理終了", elapsed_time)


main()
```

実行結果

```
全体処理開始
producer: データ追加処理開始
producer: データ追加処理終了
worker: データ1の処理を開始します
worker: データ2の処理を開始します
worker: データ1の処理を終了します
worker: データ3の処理を開始します
worker: データ2の処理を終了します
worker: データ4の処理を開始します
worker: データ3の処理を終了します
worker: データ4の処理を終了します
全体処理終了 7.005342600008589
```

まず、main関数の37行目でproducer関数が、43行目で複数のworker関数がスレッドで同時に実行されます。それぞれの処理が終わるとmain関数の処理も終了します。

呼び出されたproducer関数は、12行目から15行目で処理対象データをキューに追加します。一方同時に、worker関数は21行目のwhileのループ中で待ち構え、データが追加され次第キューからデータを取り出し処理を行います。なお、処理は説明用のダミーのためsleep関数を使用しています。

実行すると、producer関数がキューにデータを次々とエンキューして処理を終え、一方のworker関数側はその間同時にキューから次々とデキューでデータを取り出すタスクをこなし処理を終える様子が表示されます。順番に実行すると14秒かかる処理ですが、複数のworkerが同時に動くことで短縮されています。

Pythonのスタックとキュー

Pythonには本章で紹介したlist型、queueモジュール以外にスタックやキューとして使用できるものがいくつか提供されています。第3章のTechnical Infoでも紹介した標準ライブラリのdequeモジュールは、スタック/キューとして使用することができるもののひとつです。

データ列の両側からデータの追加、取り出しが可能なデータ構造、つまりスタックとしてもキューとしても使用できるものを**両端キュー**（double-ended queue）と呼びます。dequeモジュールは両端キューとなっています。キューから要素を取り出すdequeueと混同しないように注意してください。詳細は第3章のTechnical Infoで紹介したURLを参照していただきたいのですが、以下のコードのように`append`で右側から、`appendleft`で左側から要素の追加を、`pop`で右側から、`popleft`で左側から要素の取り出しが可能となります。

コード4-17

```
from collections import deque

my_deque = deque()
my_deque.append(1)
my_deque.append(2)
my_deque.appendleft(3)
my_deque.appendleft(4)

print(my_deque)
x = my_deque.pop()
y = my_deque.popleft()

print(x, y)
```

実行すると以下のとおり前述の`append`、`appendleft`、`pop`、`popleft`の動作が確認できます。

実行結果

```
deque([4, 3, 1, 2])
2 4
```

章末問題

Q1 スタックについて述べたものは次のうちどれか。

ア： 高速にデータの出し入れが可能なリストである
イ： 後から入れたものを先に取り出すことから「後入れ先出し」と呼ばれることがある
ウ： 先に入れたものから取り出す
エ： 非同期処理の実装で使用されることが多い

Q2 以下のPythonコードはlist型の変数をスタックとして使用している。変数xとmy_stackの値の組として正しいものを選べ。

コード 4-18

```
class MyStack:

    def __init__(self):
        self.data = []

    def push(self, value):
        self.data.append(value)

    def pop(self):
        return self.data.pop()

    def __str__(self):
        return str(self.data)

my_stack = MyStack()
my_stack.push("a")
my_stack.push("b")
x = my_stack.pop()
my_stack.push("c")
```

ア： a ['a', 'c']
イ： a ['b', 'c']
ウ： b ['a', 'c']
エ： b ['c', 'a']

Q3 キューについて述べたものは次のうちどれか。

ア： 両端からデータを格納することができる
イ： データを格納する操作をenqueue、データを取り出す操作をdequeueと呼ぶ
ウ： 後から入れたものを先に取り出すことから「後入れ先出し」と呼ばれることがある
エ： 構文解析の実装で使用されることが多い

Q4 以下のPythonコードはlist型の変数をキューとして使用している。変数xとmy_qの値の組として正しいものを選べ。

コード 4-19

```
class MyQueue:
    def __init__(self):
        self.que = []

    def enqueue(self, value):
        self.que.append(value)

    def dequeue(self):
        return self.que.pop(0)

    def __str__(self):
        return str(self.que)

my_q = MyQueue()
my_q.enqueue('a')
my_q.enqueue('b')
x = my_q.dequeue()
my_q.enqueue('c')
```

ア： a ['a', 'c']
イ： a ['b', 'c']
ウ： b ['a', 'c']
エ： b ['c', 'a']

第5章

ソート

データを規則に従って並べ替えることをソートと
呼びます。第5章ではさまざまなソートのアルゴ
リズムについて解説します。

難易度 ★☆☆

5-1 ソート

みなさんは仕事で使用する伝票や学校でもらったプリントなどを、番号や金額、日付などで並べ替えた経験はないでしょうか？

こういった番号や金額、日付などの特定の値の順に並び替えて整列することを、プログラミングの世界では**ソート**、もしくは**整列**と呼びます。また、整列させる値のことを**キー**と呼ぶ場合があります。

値が小さいものから大きいものへと並び替えることを**昇順**、その逆を**降順**と呼びます。

- 昇順：　値が小さいものから大きいもの順
- 降順：　値が大きいものから小さいもの順

例えば、5、3、9、1、7という数字の羅列を昇順にソートすると以下のようになります。

- 昇順にソート：1、3、5、7、9

降順の場合、以下のようになります。

- 降順にソート：9、7、5、3、1

何かのデータの集合をソートするアルゴリズムは、これまで多数考案されてきました。本章では、次ページに挙げたの入門的なソートのうち、ヒープソート以外について解説します。

入門的なソートアルゴリズム

・選択ソート
・挿入ソート
・バブルソート
・シェルソート
・マージソート
・クイックソート
・ヒープソート（第8章）

ずいぶんたくさんの方法がありますが、前半の選択ソート、挿入ソート、バブルソートはソートの基本とも言える比較的単純なソートアルゴリズムです。

一方、後半のシェルソート、マージソート、クイックソート、ヒープソートについては基本のソートより計算量が改善されたものなのですが、その分複雑であるため学習難易度が高いと言えます。

学習が行き詰まりそうであれば、後半については特徴だけ捉えて詳細はいったん後回しにすることも検討してみてください。

難易度 ★☆☆

5-2 ソートの性質

ソートにはさまざまな性質があります。まずはソートアルゴリズムが持つさまざまな性質について紹介します。

5-2-1 安定なソート

ソートアルゴリズムを評価する際に重要な性質のひとつに、安定性というものがあります。**安定なソート**とは、ソート前後で同じ値を持つデータの順序が入れ替わらないことを指します。具体的な例を以下に示します。以下のような伝票があったとします。伝票番号順に並んでいますね。これを金額順にソートすることを考えてみましょう。

```
伝票番号 1, 100円
伝票番号 2, 200円
伝票番号 3, 100円
伝票番号 4, 200円
伝票番号 5, 300円
```

安定でないソートアルゴリズムを使用すると、例えば次ページのようにソートされてしまいます。金額順にソートはされていますが、同じ値を持つデータ、例えば100円の伝票だと伝票番号の順序はもともと1→3だったものが、ソート後にその順序が変わってしまっています。

実行結果

```
伝票番号3, 100円
伝票番号1, 100円
伝票番号4, 200円
伝票番号2, 200円
伝票番号5, 300円
```

これを安定なソートアルゴリズムを使用して金額順にソートすると、以下のようになります。同じ値を持つデータの順序が保たれています。

実行結果

```
伝票番号1, 100円
伝票番号3, 100円
伝票番号2, 200円
伝票番号4, 200円
伝票番号5, 300円
```

5-2-2 インプレースなソート

少し難しい話になります。ソートの実装方法は以下の2とおりに分類されます。

1. **インプレースなソート**
   元のデータ内部の選択・交換・挿入のみでデータを整列*
2. **アウトプレースなソート**
   元のデータとは別にデータサイズに依存する新たなメモリを確保し
   整列されたデータを作成

要するに、元のデータ列とは別に新たにデータ列を作りながらソートすることを、アウトプレースなソートと考えて差し支えありません。本書ではマージソートを除き、インプレースな方法を紹介します。

＊インプレースの意味はいくつかあり、狭義には「対象データの格納領域およびデータ長に依存しないサイズの領域のみを使用するもの」となります。この場合そもそもインプレースかどうかの判断が難しいものとなるため、本書では本文に記述した定義を採用します。

アウトプレースなソート例

例えば以下のデータ列をソートする場合について考えてみましょう。

```
[3, 1, 2]
```

次の手順のように新たにデータ列を作り出すソートは、アウトプレースとなります。

①新しいデータ列を生成する

実行結果

```
[3, 1, 2]
[]
```

②一番小さい値を取り出して新たなデータ列に追加する

実行結果

```
[3, 2]
[1]
```

③②の処理を繰り返す

実行結果

```
[3]
[1, 2]
```

実行結果

```
[]
[1, 2, 3]
```

インプレースなソート例

一方、先ほどのデータ列を交換のみで移動させてみます。この方法はインプレースとなります。

①1と3を交換する

実行結果

```
[1, 3, 2]
```

②3と2を交換する

実行結果

```
[1, 2, 3]
```

5-2-3 内部ソートと外部ソート

ソートに関連する用語でインプレース/アウトプレースとよく似たものに、内部ソート（Internal sort）と外部ソート（External sort）があります。

意味合いはまったく異なり、いったんファイルに書き出す等、外部記憶装置を利用して比較的大規模なデータをソートすることを**外部ソート**、メモリ内でソート処理が完結するものを**内部ソート**と呼びます。本書では内部ソートのみ解説します。

難易度 ★★★

5-3 実装のポイント

ソートアルゴリズムは比較的学習が難しい分野です。以降の学習が少しでもスムーズに進むよう、事前にPythonでソートアルゴリズムを実装する上でのポイントや注意点について解説します。なお、本書のソートは言語に拠らない本質的な理解を目的として、データ移動は交換のみ使用するソート方法について解説します。ただし、簡便性を優先して配列ではなくlist型を使用することにします。

5-3-1 ループ処理

インデックスによるループ

ソートを実装するとループ処理が多く出現します。通常Pythonでループ処理を実装する際、以下のようなイテレーターを使用したループ処理が多く使われます。

コード5-1

```
my_list = [1, 2, 3]
for val in my_list:
    print(val)
```

ところがソート処理ではループ処理中に順番を変えるような処理があるため、上記のようなイテレーターを使用したループの場合は現在どの要素に対して処理しているのかがわかりづらくなります。このため、インデックスを使用したループを採用したほうが理解しやすいでしょう。

コード5-2

```
my_list = [1, 2, 3]
N = len(my_list)
for idx in range(N):
    print(my_list[idx])
```


for-if-break と while

また、ソートではある条件を満たす要素のインデックスを探すような処理が多いのですが、この場合はfor文よりwhile文を使うと簡潔に書けることが多いです。例えば、あるlist型変数で「4より大きい最初の要素は何番目か？」ということを調べる場合について、考えてみましょう。ただし、対象のlist型変数には必ず4より大きい要素が含まれているものとします。

for文で書くと以下のようになります。

コード5-3

```
my_list = [1, 3, 5, 6, 4, 2]
N = len(my_list)
idx = None
for i in range(N):
    if 4 < my_list[i]:
        idx = i
        break
print(idx)
```

while文の場合、以下のようにif文がなくなり1行で記述することができます。

コード5-4

```
my_list = [1, 3, 5, 6, 4, 2]
N = len(my_list)
idx = 0
while idx < N and my_list[idx] <= 4:
    idx += 1
print(idx)
```

ずいぶんとスッキリしました。ちなみに、初期値と増分を変更すると走査方向や間隔を変えることが可能です。次ページのコードでは、先ほどの処理を逆方向からひとつ飛ばしに調べる場合の実装例です。

コード5-5

```
my_list = [1, 3, 5, 6, 4, 2]
N = len(my_list)
idx = N - 1
while idx >= 0 and my_list[idx] <= 4:
    idx -= 2
print(idx)
```

5-3-2 交換

ソート処理では要素同士を交換する場合がありますが、アンパックを使用すると楽でしょう。以下は、変数xとyを入れ替えるタプルのアンパックの例です。

コード5-6

```
x = 100
y = 200
x, y = y, x
print(x, y) # 200 100
```

このことはリスト等のシーケンスの要素を入れ替える際も同様です。例えば、リストの0番目と1番目を入れ替える場合、以下のように記述します。

コード5-7

```
my_list[0], my_list[1] = my_list[1], my_list[0]
```

なお、アンパックを使用しない場合は、以下のように一時的にデータを格納する変数を使用する必要があります。

コード5-8

```
tmp = my_list[0]
my_list[0] = my_list[1]
my_list[1] = tmp
```

5-3-3 挿入

list型変数に対し、ある要素を選び適当な場所に挿入する場合について考えてみます。方法のひとつとしてpopとinsertの使用が挙げられます。例えば、以下のコードではリストの3番目の要素を1番目に挿入しています。

コード5-9

```
my_list = [1, 3, 4, 6, 2]
print(my_list)

# 3番目の要素を1番目に挿入する場合
from_idx = 3
to_idx = 1

tmp = my_list.pop(from_idx)
my_list.insert(to_idx, tmp)
print(my_list)
```

図5-1

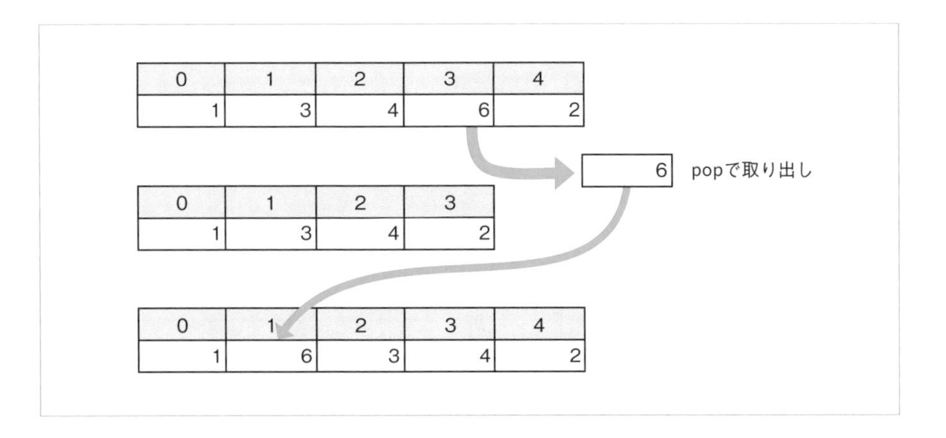

実行結果

```
[1, 3, 4, 6, 2]
[1, 6, 3, 4, 2]
```

もうひとつの方法として交換を繰り返し順番にずらしていく、というものがあります。普段Pythonを使っている人にはなじみのない方法ですが、情報処理技術者試験の擬似言語やC言語の配列操作などでよく使用される伝統的な方法です。実際にコードを見ていただいたほうが理解しやすいと思います。以下のコードは、リスト[1, 3, 4, 6, 2]の3番目の要素を1番目に挿入する例です。

コード5-10

```
my_list = [1, 3, 4, 6, 2]
print(my_list)

# 3番目の要素を1番目に挿入する場合
from_idx = 3
to_idx = 1

# 3番目の要素を一時的に退避する
tmp = my_list[from_idx]

# 2番目の要素から先頭に向かってループ実行
i = from_idx - 1
while to_idx <= i:
    # 要素を右側にずらす
    my_list[i + 1] = my_list[i]
    print(my_list)
    i -= 1

# ずらし終わったら空いたところに操作対象要素を設定
my_list[i + 1] = tmp
print(my_list)
```

図5-2

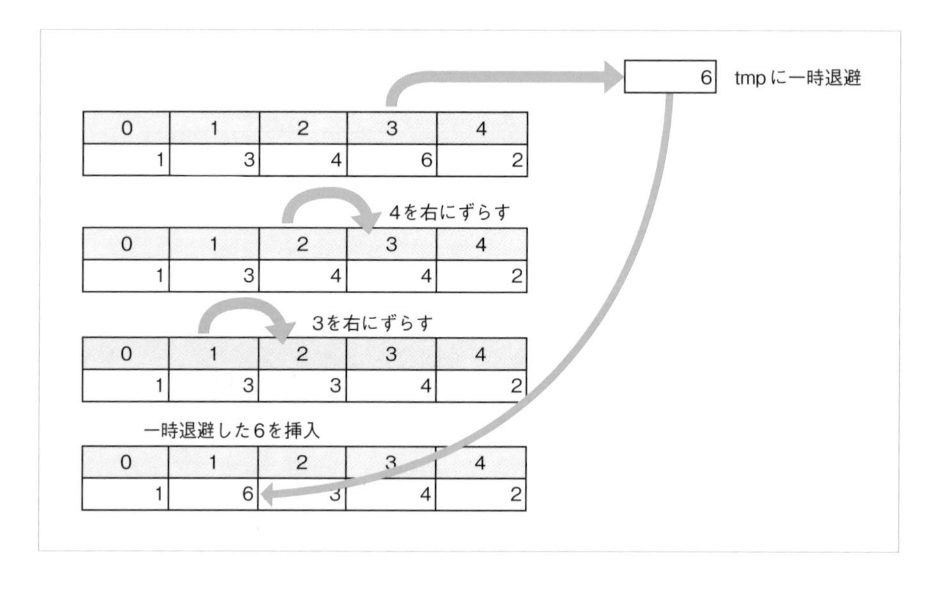

実行すると以下のように表示されます。ひとつずつずらしていくことで、結果として挿入が実現できます。

実行結果

```
[1, 3, 4, 6, 2]
[1, 3, 4, 4, 2]
[1, 3, 3, 4, 2]
[1, 6, 3, 4, 2]
```


また、左側の要素を右側に挿入する場合は、この実装とは逆方向のループ処理で、要素をひとつずつ左側にずらすことになります。なお、本書のソートは言語に拠らない本質的な理解を目的として、後者の方法を採用することにします。

難易度 ★★★

5-4 挿入ソート

5-4-1 挿入ソート

挿入ソートでは、データ列をソート済みとそうでない部分に分け、未ソート部分から要素をひとつずつソート済みの部分の適切な位置に挿入する操作を繰り返します。

例えば、以下のような、シャッフルされた1～10までの数字が書かれたカードを配られたとします。

図 5-3

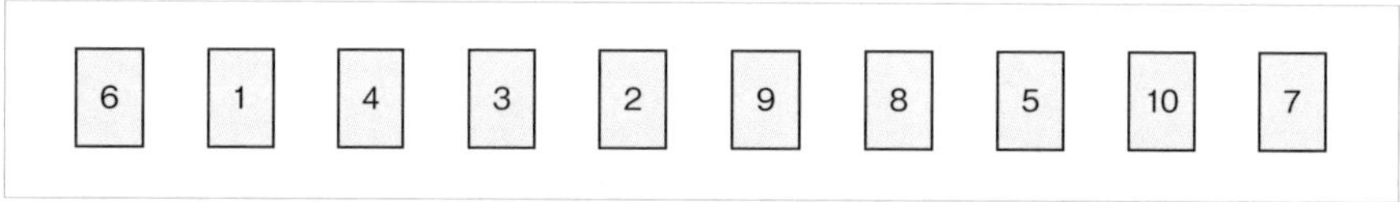

6	1	4	3	2	9	8	5	10	7

まず、先頭の6に着目します。1枚だけなのでこの部分だけだとソートされたものとみなすことができます。6より右側が未ソート部分となります。

図 5-4

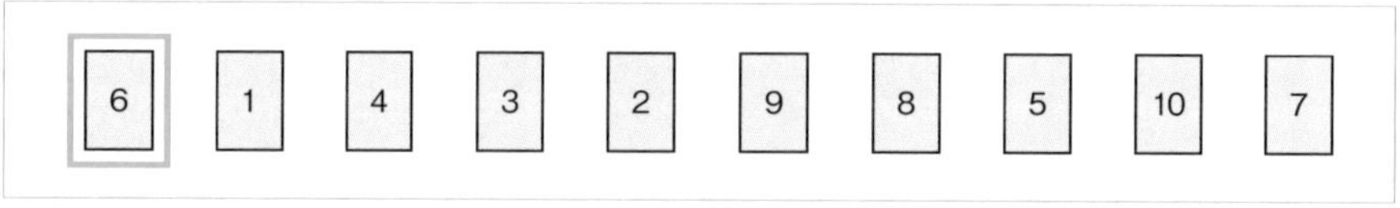

6	1	4	3	2	9	8	5	10	7

次に未ソート部分の先頭のカード1に着目し、6と比較して適切な位置、つまり6の左側に配置します。この時点で1と6がソートされています。

図 5-5

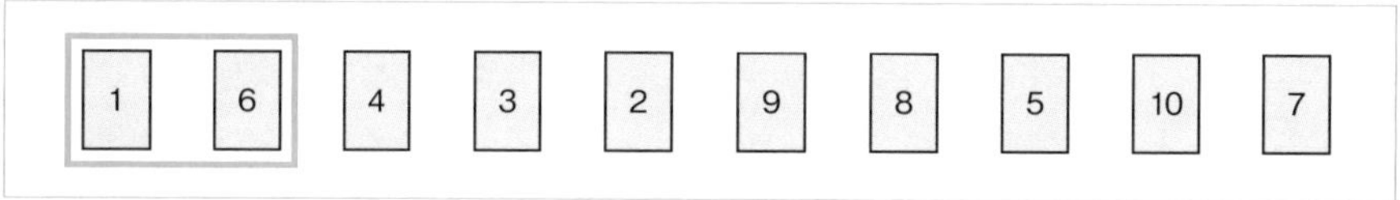

1	6	4	3	2	9	8	5	10	7

その次のカード4に着目し、1、6と比較して適切な位置、つまり1と6の間に配置します。この時点で1、4、6がソートされています。

図 5-6

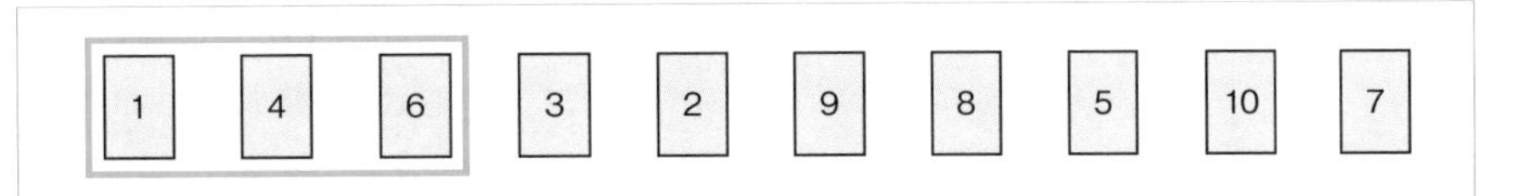

その次のカード3に着目し、1と4の間に配置し……

図 5-7

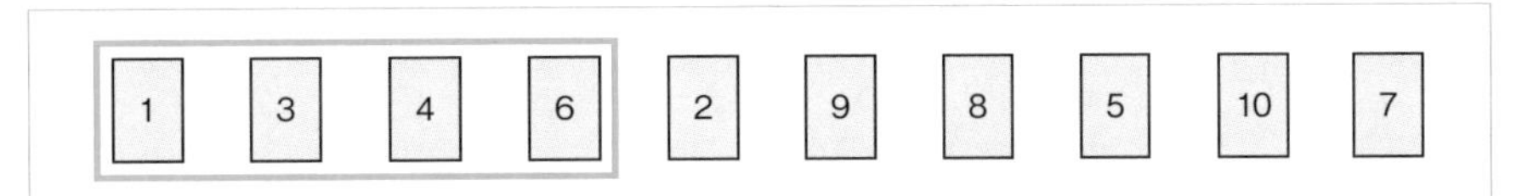

といった操作を繰り返すと並び替えることができます。左利きの方は左右逆になるかもしれませんが、トランプの手札を並べる際にこのような方法を使用したことがあるのではないでしょうか。このように、カードをソート済みと未ソートの部分に分けてひとつずつ適切な位置に挿入する方法を、挿入ソートと呼びます。データの左側からソートされていきます。

5-4-2 挿入ソートの実装

それでは、ここからPythonで数値が格納されたlist型をソートする関数を実装してみましょう。ソートアルゴリズムは複雑になりがちですが、必要な部品ごとにコードを作成すると理解しやすいかと思います。データ列の1番目から順にループで処理を行うため、以下のとおり`for`文をまず実装します。0番目はソート済みとみなせるため1番目からの処理となります。なお、`target`は操作対象の要素を表します。

コード 5-11

```
def insertion_sort(my_list):
    for i in range(1, len(my_list)):

        # i番目の要素をソート対象として取り出す
        target = my_list[i]
```

挿入位置を探す

次に挿入位置を見つけて挿入する処理を作成します。実装のポイントで挿入処理について解説した内容と同様なのですが、末尾から走査し、対象の要素より小さいものを見つけるまで要素をひとつずつ右側に移動させればこの処理が実現できます。とはいえ少し複雑なので、足がかりとしてまずは具体的な小さな例で考えてみます。

例えば、[1, 3, 4, 6]が整列済みで、4番目の要素である2を挿入する場合について考えてみましょう。

コード5-12

```
my_list = [1, 3, 4, 6, 2]
target = my_list[4]

# 操作対象の要素より小さい値を持つ要素が見つかるまでひとつ右側にずらす
j = 3  # 要素の手前から処理を行う
while 0 <= j and target < my_list[j]:
    my_list[j + 1] = my_list[j]
    print(my_list)
    j -= 1

# ずらし終わったら空いたところに操作対象要素を設定
my_list[j + 1] = target
print(my_list)
```

print関数で出力した結果のとおりですが、つまり2以下の値が見つかるまで、ループで以下のような要素をずらす処理が行われています。

① 初期状態

```
[1, 3, 4, 6, 2]
```

② 2を変数targetに退避
③ 6を右側に移動

実行結果

```
[1, 3, 4, 6, 6]
```

④ 4を右側に移動

実行結果

```
[1, 3, 4, 4, 6]
```

⑤ 3を右側に移動

実行結果

```
[1, 3, 3, 4, 6]
```

⑥ 1は2以下であるため、ここでtargetに退避していた2を挿入

実行結果

```
[1, 2, 3, 4, 6]
```

以上の処理をあわせると、挿入ソートは以下のように実装することができます。

コード 5-13

```
def insertion_sort(my_list):
    # リストの先頭側からひとつずつ操作する
    for i in range(1, len(my_list)):

        # i番目の要素を操作対象として取り出す
        target = my_list[i]

        # 操作対象の要素より小さい値を持つ要素が見つかるまでひとつ右側にずらす
        j = i - 1
        while 0 <= j and target < my_list[j]:
            my_list[j + 1] = my_list[j]
            j -= 1

        # ずらし終わったら空いたところに操作対象要素を設定
        my_list[j + 1] = target

        # 途中結果の確認のためダンプ
        print(my_list)
```

```
data = [6, 1, 4, 3, 2, 9, 8, 5, 10, 7]
print(data)
insertion_sort(data)
print(data)
```

実行すると、以下のようにデータがソートされている様子が確認できます。適宜dataの値を変えて実行してみてください。

実行結果

```
[6, 1, 4, 3, 2, 9, 8, 5, 10, 7]
[1, 6, 4, 3, 2, 9, 8, 5, 10, 7]
[1, 4, 6, 3, 2, 9, 8, 5, 10, 7]
[1, 3, 4, 6, 2, 9, 8, 5, 10, 7]
[1, 2, 3, 4, 6, 9, 8, 5, 10, 7]
[1, 2, 3, 4, 6, 9, 8, 5, 10, 7]
[1, 2, 3, 4, 6, 8, 9, 5, 10, 7]
[1, 2, 3, 4, 5, 6, 8, 9, 10, 7]
[1, 2, 3, 4, 5, 6, 8, 9, 10, 7]
[1, 2, 3, 4, 5, 6, 7, 8, 9, 10]
[1, 2, 3, 4, 5, 6, 7, 8, 9, 10]
```

この処理はループを逆回転、つまりリストの末尾から走査と交換をしていますが、これには理由があります。末尾から走査することで、もし操作する対象と同じ値があったとしても必ずその値の右側に配置されるようになるため、ソートを安定に保つことができるからです。

挿入ソートの特徴

実装して理解できたと思いますが、挿入ソートは件数に依存するループが二重となっており、平均計算量、最悪計算量はともに$O(n^2)$となります。また、前述のとおり後方から走査することにより安定なソートとなります。ある程度まで整列されたデータに対しては、交換回数が少なくなるため計算量が少なくなる一方、あまり整列されていないデータに対しては、交換回数が増大するためパフォーマンスが悪化します。後ほど紹介するシェルソートは、挿入ソートのこの特徴を改善したものとなります。

難易度 ★☆☆

5-5 選択ソート

5-5-1 選択ソート

選択ソートは挿入ソートと並んで比較的簡単なソート方法です。例えば、以下のようなシャッフルされた1～10までのデータ列があったとします。

図 5-8

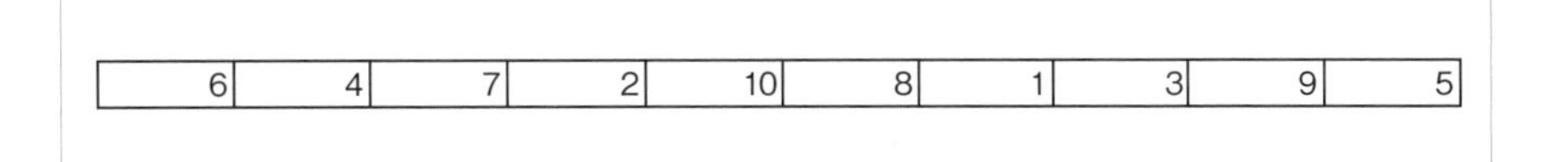

①まず、0番目から末尾までのなかから一番小さいものを選びます。

図 5-9

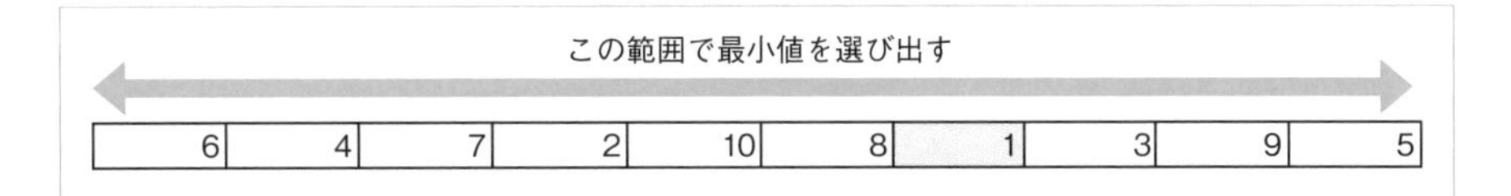

②選んだデータを0番目のものと入れ替えます。

図 5-10

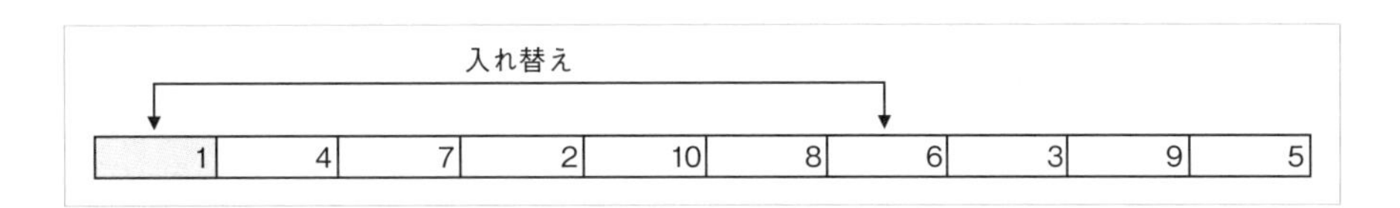

③次に残りの1番目から末尾までのなかから一番小さいものを選びます。

図 5-11

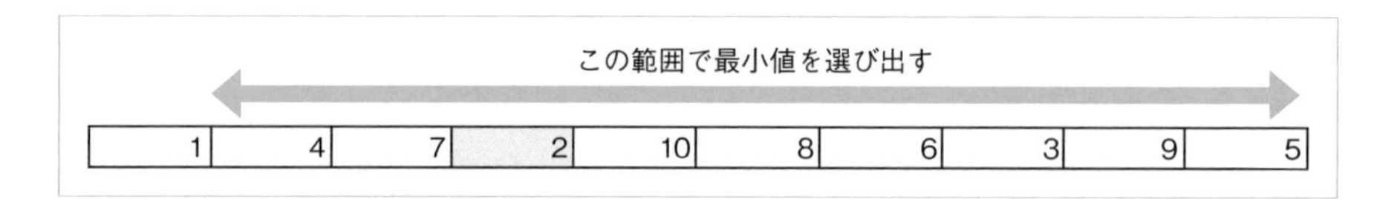

④選んだデータを1番目のものと入れ替えます。

図 5-12

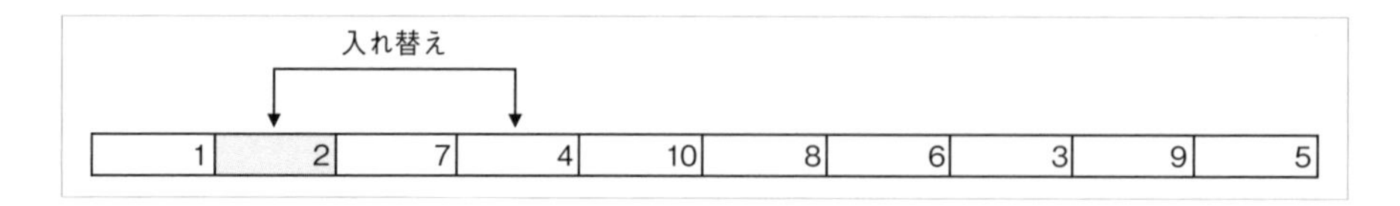

この操作を続けると、左側から順にデータがソートされます。

5-5-2 選択ソートの実装

挿入ソートと同様、必要な部品ごとに実装してみましょう。まず、最小値を見つける処理は左側から範囲を狭めながら繰り返し処理を行うため、nをデータ件数とすると以下のようなループが必要となります。

書式

```
for i in range(n):
    ⋮
```

また、データ列の特定の場所から末尾までの範囲で、最小値を探す処理が必要となります。次ページのコードは、list型の2番目から末尾までの最小値のインデックスを探す処理で、先ほどの④の処理の続きで最小値を探し出す処理を再現しています。

図 5-13

コード 5-14

```
my_list = [1, 2, 7, 4, 10, 8, 6, 3, 9, 5]
n = len(my_list)
i = 2    # 2番目から処理を行う
target_idx = i
for j in range(i + 1, n):
    if my_list[j] < my_list[target_idx]:
        target_idx = j

print(target_idx)
```


第1章で解説した最大値を見つける処理とよく似ていますが、今回は値ではなくインデックスを探し出します。なお、最小値が格納されたインデックスをtarget_idxとします。実行すると、3が格納された7番目のインデックスが得られることが確認できます。

実行結果

```
7
```

次に、見つけた最小の要素を挿入する処理が必要です。これは実装のポイントで解説したとおり、アンパックで実装することができます。以上をあわせると以下のように実装することができます。

コード 5-15

```
def selection_sort(my_list):
    n = len(my_list)
    for i in range(n):

        # i〜末尾までで最小のものを探し、そのindexを格納
        target_idx = i
        for j in range(i + 1, n):
            if my_list[j] < my_list[target_idx]:
                target_idx = j

        # i〜末尾までで最小のものをi番目のものと交換する
        my_list[i], my_list[target_idx] = \
            my_list[target_idx], my_list[i]

        # 途中結果の確認のためダンプ
        print(my_list)
```

```
data = [6, 4, 7, 2, 10, 8, 1, 3, 9, 5]
print(data)

selection_sort(data)
print(data)
```

実行すると、未ソート部分の最小値が選ばれデータがソートされている様子が確認できます。

実行結果

```
[6, 4, 7, 2, 10, 8, 1, 3, 9, 5]
[1, 4, 7, 2, 10, 8, 6, 3, 9, 5]
[1, 2, 7, 4, 10, 8, 6, 3, 9, 5]
[1, 2, 3, 4, 10, 8, 6, 7, 9, 5]
[1, 2, 3, 4, 10, 8, 6, 7, 9, 5]
[1, 2, 3, 4, 5, 8, 6, 7, 9, 10]
[1, 2, 3, 4, 5, 6, 8, 7, 9, 10]
[1, 2, 3, 4, 5, 6, 7, 8, 9, 10]
[1, 2, 3, 4, 5, 6, 7, 8, 9, 10]
[1, 2, 3, 4, 5, 6, 7, 8, 9, 10]
[1, 2, 3, 4, 5, 6, 7, 8, 9, 10]
[1, 2, 3, 4, 5, 6, 7, 8, 9, 10]
```

選択ソートの特徴

選択ソートは前節の挿入ソートと同様に件数に依存するループが二重となっており、平均計算量、最悪計算量はともに$O(n^2)$となります。また、安定なソートではありません。一例として以下のようなデータについて考えてみましょう。

データ列のなかには6がふたつあります。このふたつを区別するため塗り分けをしています。

図 5-14

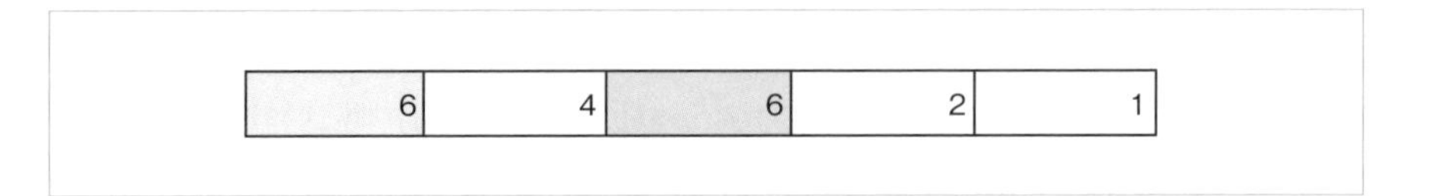

処理を開始すると、最小値の1と左端の6を交換することになります。

図 5-15

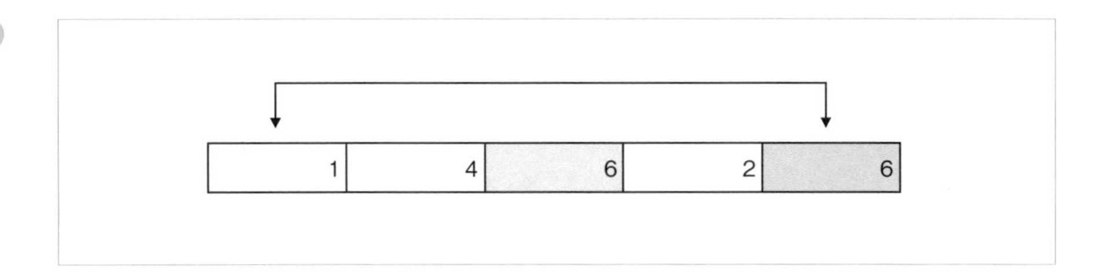

交換結果を確認してみると、ふたつの6の位置関係が入れ替わり、安定ではないことがわかります。

難易度 ★★★

5-6 バブルソート

5-6-1 バブルソート

バブルソートは交換を繰り返すことでソートを行います。ここまで解説してきた挿入ソート、選択ソートと比較するとあまり直感的ではない方法なのですが、まずは以下のコードを見てください。

コード 5-16

```
my_list = [6, 3, 10, 4, 2, 9, 8, 5, 1, 7]

n = len(my_list)
for j in range(n - 1):
    if my_list[j] > my_list[j + 1]:
        my_list[j], my_list[j + 1] = my_list[j + 1], my_list[j]

print(my_list)
```

リストに対して下図のように0番目から順に走査を行い、左側の要素>右側の要素の場合、左右を入れ替えることをするだけのコードです。

図 5-16

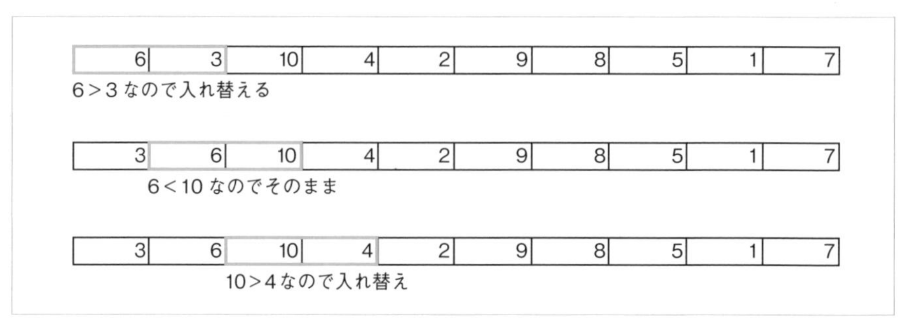

実行すると、以下のように出力されます。

実行結果

```
[3, 6, 4, 2, 9, 8, 5, 1, 7, 10]
```

条件を満たす場合に交換を行う処理を繰り返しただけなのに、最大の要素が一番右端に移動しています。不思議に思われた方もいるのではないでしょうか。先ほどの2行目と7行目に以下のコードを追加し、何が起きているのか確認してみましょう。


```
print(my_list)
```

以下のように出力され、交換処理を繰り返すたびに大きい数字が少しずつ右側に移動している様子が観察できます。

実行結果

```
[6, 3, 10, 4, 2, 9, 8, 5, 1, 7]
[3, 6, 10, 4, 2, 9, 8, 5, 1, 7]
[3, 6, 4, 10, 2, 9, 8, 5, 1, 7]
[3, 6, 4, 2, 10, 9, 8, 5, 1, 7]
[3, 6, 4, 2, 9, 10, 8, 5, 1, 7]
[3, 6, 4, 2, 9, 8, 10, 5, 1, 7]
[3, 6, 4, 2, 9, 8, 5, 10, 1, 7]
[3, 6, 4, 2, 9, 8, 5, 1, 10, 7]
[3, 6, 4, 2, 9, 8, 5, 1, 7, 10]
[3, 6, 4, 2, 9, 8, 5, 1, 7, 10]
```

この処理を以下のコードのように（不格好なコードですが）2回実行してみます。

コード 5-17

```
my_list = [6, 3, 10, 4, 2, 9, 8, 5, 1, 7]

n = len(my_list)
for j in range(n - 1):
    if my_list[j] > my_list[j + 1]:
        my_list[j], my_list[j + 1] = my_list[j + 1], my_list[j]
        print(my_list)

print() # 改行
for j in range(n - 1):
```

```
        if my_list[j] > my_list[j + 1]:
            my_list[j], my_list[j + 1] = my_list[j + 1], my_list[j]
            print(my_list)

print(my_list)
```

1回目のループで一番大きい10が右端に移動し、2回目のループでは2番目に大きい9が右側に移動している様子が観察できます。

実行結果

```
[3, 6, 10, 4, 2, 9, 8, 5, 1, 7]
[3, 6, 4, 10, 2, 9, 8, 5, 1, 7]
[3, 6, 4, 2, 10, 9, 8, 5, 1, 7]
[3, 6, 4, 2, 9, 10, 8, 5, 1, 7]
[3, 6, 4, 2, 9, 8, 10, 5, 1, 7]
[3, 6, 4, 2, 9, 8, 5, 10, 1, 7]
[3, 6, 4, 2, 9, 8, 5, 1, 10, 7]
[3, 6, 4, 2, 9, 8, 5, 1, 7, 10]

[3, 4, 6, 2, 9, 8, 5, 1, 7, 10]
[3, 4, 2, 6, 9, 8, 5, 1, 7, 10]
[3, 4, 2, 6, 8, 9, 5, 1, 7, 10]
[3, 4, 2, 6, 8, 5, 9, 1, 7, 10]
[3, 4, 2, 6, 8, 5, 1, 9, 7, 10]
[3, 4, 2, 6, 8, 5, 1, 7, 9, 10]
[3, 4, 2, 6, 8, 5, 1, 7, 9, 10]
```

1回実行すると、最大の数が右端に、2回実行すると2番目に大きい数字が右から2番目に少しずつソートされ、多くとも**要素数－1回**この処理を繰り返すとソートが完了します。このように、隣接する要素を大小関係に基づいて交換を繰り返すことでソートするアルゴリズムを、バブルソートと呼びます。

5-6-2 バブルソートの実装

先ほどのサンプルコードで、バブルソートの中心となる処理はすでに完成しています。ただし、処理を行うたびに右端から順にソート済みになるため、交換処理の範囲は少しずつ狭めることができます。以下のコードはバブルソートの実装例です。

コード 5-18

```
def bubble_sort(my_list):
    n = len(my_list)
    for i in range(n - 1):
        for j in range(n - 1 - i):
            if my_list[j] > my_list[j + 1]:
                my_list[j], my_list[j + 1] = \
                    my_list[j + 1], my_list[j]


data = [6, 3, 10, 4, 2, 9, 8, 5, 1, 7]
bubble_sort(data)
print(data)
```

実行すると、以下のとおりソートされた結果が得られることが確認できます。

実行結果

```
[1, 2, 3, 4, 5, 6, 7, 8, 9, 10]
```

なお、内側のループ処理内で交換処理が1回も行われなくなると、ソート済みであると判定できるので、以下のように途中で処理を打ち切ることができます。

コード 5-19

```
def bubble_sort(my_list):
    n = len(my_list)
    for i in range(n - 1):

        swapped = False

        for j in range(n - 1 - i):
            if my_list[j] > my_list[j + 1]:
```

```
                swapped = True
                my_list[j], my_list[j + 1] = \
                    my_list[j + 1], my_list[j]

        if not swapped:
            return


data = [6, 3, 10, 4, 2, 9, 8, 5, 1, 7]
bubble_sort(data)
print(data)
```

先ほどと同様にソートした結果を得ることができます。

実行結果

```
[1, 2, 3, 4, 5, 6, 7, 8, 9, 10]
```

バブルソートの特徴

バブルソートは件数に依存するループが二重となっており、平均計算量、最悪計算量はともに$O(n^2)$となります。また、左側の要素＞右側の要素の場合のみ交換が発生し、同じ値の要素の入れ替えが発生しないため安定なソートです。比較時の不等号にイコールをつけてしまうとソート自体は行われますが、安定ではなくなる点に注意してください。

難易度 ★★★

5-7 シェルソート

5-7-1 シェルソート

挿入ソートの節で解説したとおり、挿入ソートはある程度整列されたデータに対しては高速である一方、逆に後方に小さな値が多いようなデータに対しては遅くなるという特徴があります。具体的なデータで確認してみましょう。例えば、以下のようにある程度まで整列されたデータがあったとします。

図 5-17

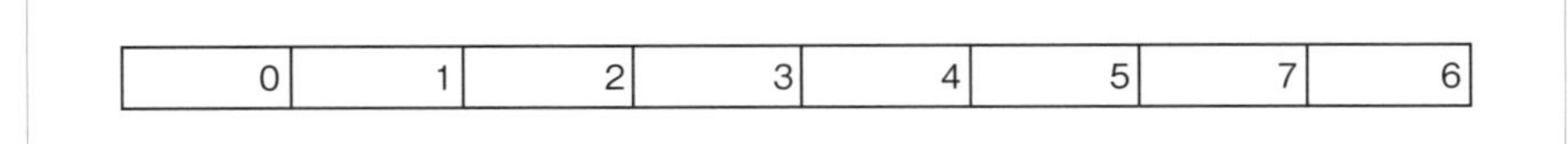

最後の要素を適切な位置に挿入する場合、1回の移動で済むことがわかります。

図 5-18

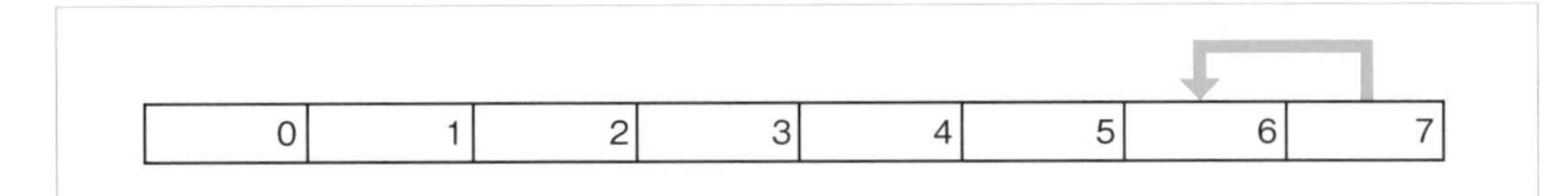

一方、以下のような状態の場合はどうでしょうか。

図 5-19

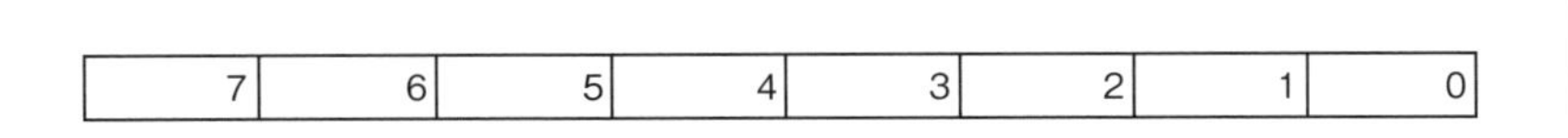

6を適切な位置に挿入するために1回移動、5を適切な位置に挿入するために2回移動……と移動回数が増え、最後の0を適切な位置、つまり先頭に挿入するまでに1＋2＋…＋7＝28回も移動を行う必要が出てきます。

図5-20

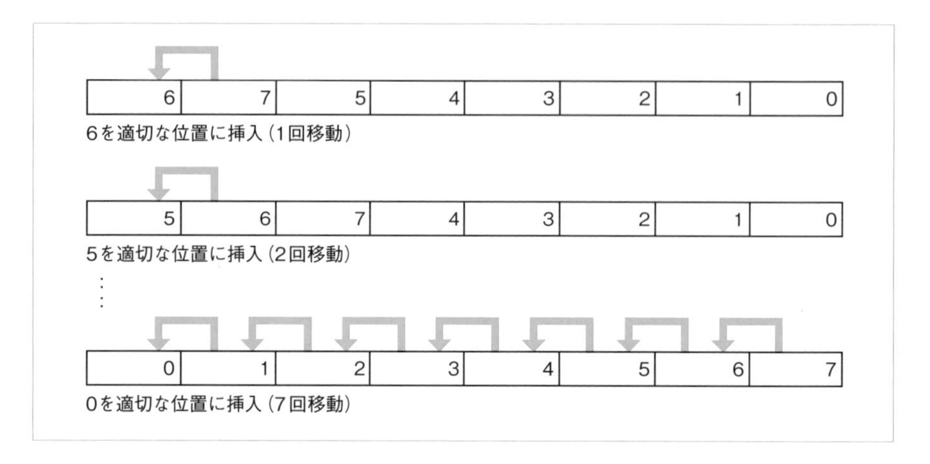

このように、前方に大きいデータが、後方に小さいデータが多い場合は特にパフォーマンスが落ちることになります。

シェルソートは、この挿入ソートの弱点を改良したアルゴリズムです。適当な間隔に基づいたグループごとに大まかに整列された状態を作り、「ある程度整列されたデータに対しては高速」という挿入ソートの長所を活かしてソートを行います。なお、本節では以降この間隔のことを**インターバル**と呼ぶことにします。

5-7-2 全体的な処理フロー

では、ここから具体的なデータで、ソートされる様子を見て概要をつかみましょう。例えば、以下のような、0～7まで8つの数字が格納されたデータ列があったとします。

図5-21

7	5	6	4	3	0	2	1

シェルソートは前述のとおり、適当なインターバルをもとにグループを構成します。今回の例では、インターバルが4でグルーピングすることにします。塗り分けられた下図のとおり、添字が0・4番目、1・5番目、2・6番目、3・7番目の4つのグループができあがります。

図 5-22

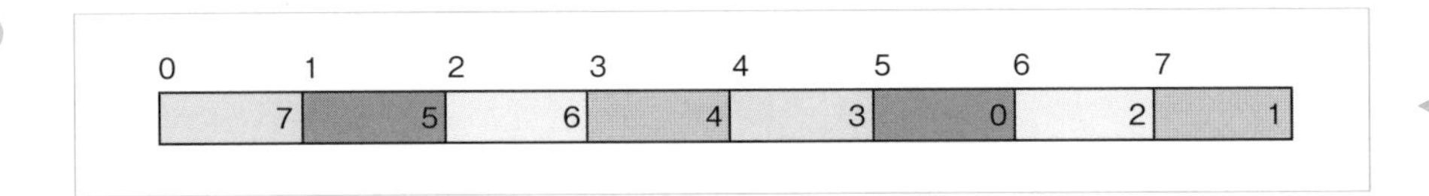

このグループ内部をそれぞれソートしてみると、以下のようになります。

図 5-23

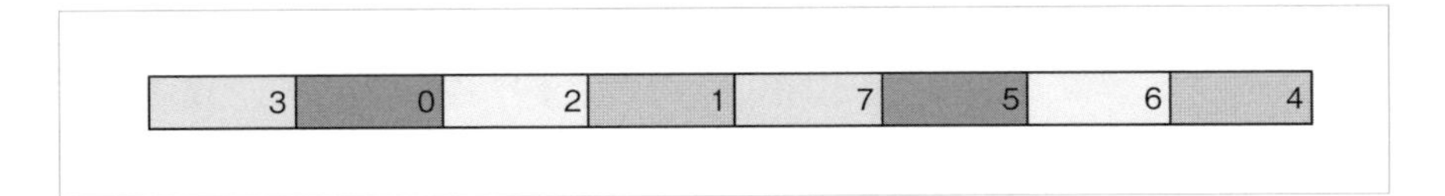

例えば、緑色のグループに着目すると7→3だったのが3→7にソートされています。次にこのインターバルを半分に狭めます。先ほどインターバルが4でしたがこれをその半分の2にしてみると、以下のようにグルーピングされます。

図 5-24

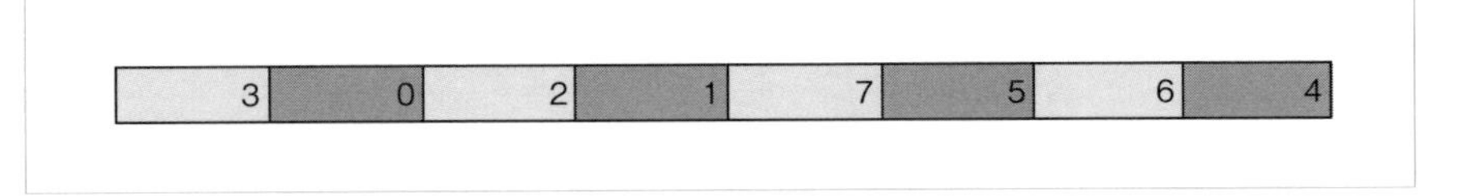

再びグループ内でソートしてみます。以下のようになります。

図 5-25

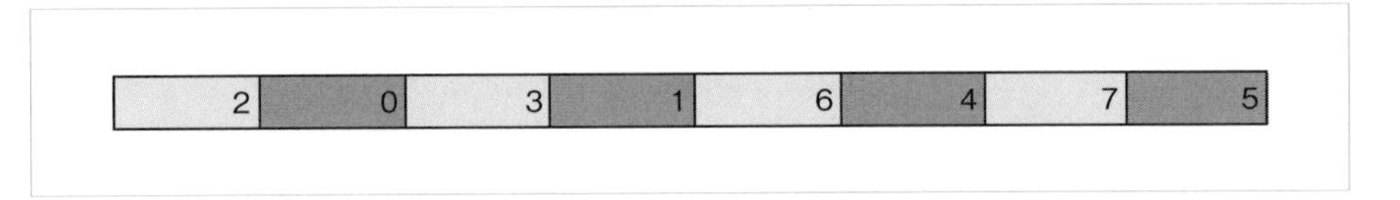

例えば、緑色のグループに着目すると、3→2→7→6だったものが、2→3→6→7にソートされます。ここで全体を眺めてみると、データの左側がだいたい小さく、データの右側がだいたい大きいものになっています。

つまり、グループでの整列を繰り返すと、全体的にも概ねソートが行われていることがわかると思います。

図 5-26

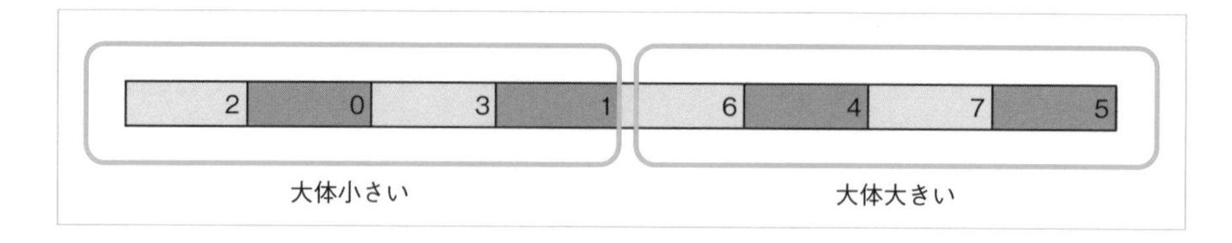

最後はインターバルが1、つまり普通の挿入ソートを概ねソートされた状態で行いソートが完了します。

5-7-3 インターバルの計算

では、ここから実装です。まず、データ列をいくつかのグループに分ける方法について考えてみます。前述のとおり適当なインターバルごとにグルーピングするのですが、このインターバルの決め方にはさまざまな方法が考案されています。本書では単純に初期のインターバルを$n/2$の商部分とし、2で割ってインターバルを狭めていくことにします。例えば、先ほどの例のように要素数が8の場合、インターバルは4→2→1となります。

最初のインターバルは、前述のとおり要素数に対して2で割った商部分を使用します。また、この割り算を繰り返しインターバルを狭めることになるため、while文を使用すると以下のように実装することができます。

コード 5-20

```
my_list = [7, 5, 6, 4, 3, 0, 2, 1]
n = len(my_list)
interval = n // 2
while interval > 0:
    print(interval)
    # 後でここにソート処理を追加する
    interval //= 2
```

実行すると、以下のように表示されます。

実行結果

```
4
2
1
```

なお、要素数が奇数の場合は、計算式のとおり要素数－1の場合と同じ結果となります。このため、要素数が偶数の場合と比較すると、最初のグループの要素数が他と比べてひとつ多くなる違いがありますが、グループ間での比較といった処理はないため、偶数奇数での処理分けは特に必要ありません。

5-7-4 グループ内でソート

次に、インターバルに基づいてグループを構成し、要素ごとにグループ内で適切な位置への挿入を行いソートする処理を実装します。ここは比較的難しいため具体的に、インターバルが2の場合の処理を考えてみることにします。

まず押さえていただきたい点なのですが、インターバルとグループ数は同じになるため、インターバルが2の場合、グループ数はふたつになります。

下図はふたつのグループを塗り分けています。先頭のふたつがそれぞれのグループ内でソート済みとみなすと、実際の処理は2番目から順に行うことになります。

図 5-27

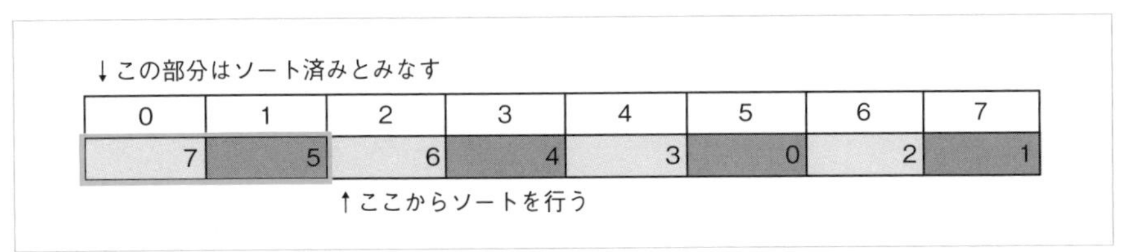

ここで、挿入ソートのように適切な位置への挿入処理がどのように行われるのか見てみましょう。まず、インデックスが2の要素について、同じグループ内のソート済み要素、0番目と比較を行い挿入します。

図 5-28

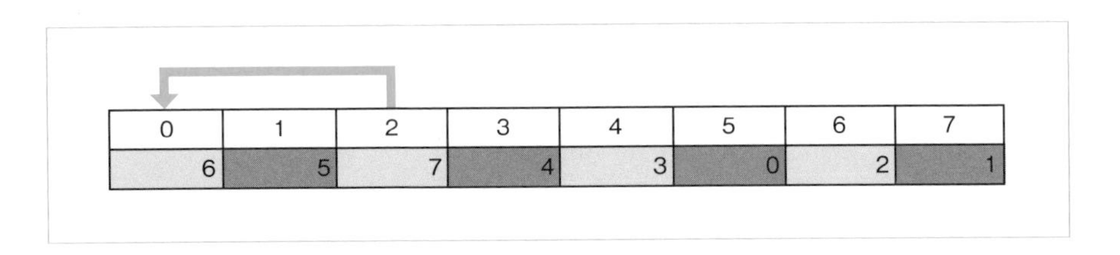

インデックスが3の要素について、同じグループ内のソート済み要素、1番目と比較を行い適切な位置に挿入します。

図 5-29

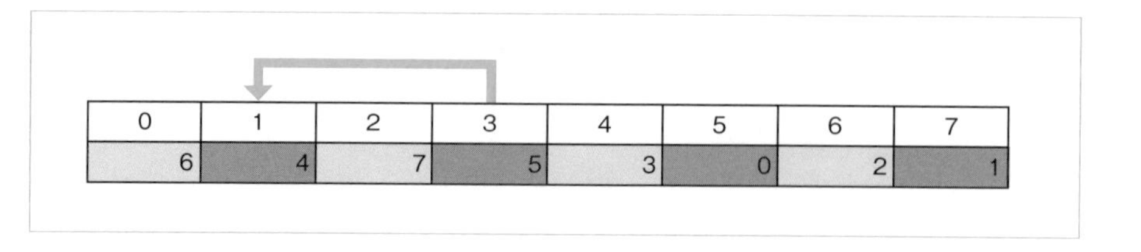

インデックスが4の要素について、同じグループ内のソート済み要素、2番目、0番目と比較を行い適切な位置に挿入します。

図 5-30

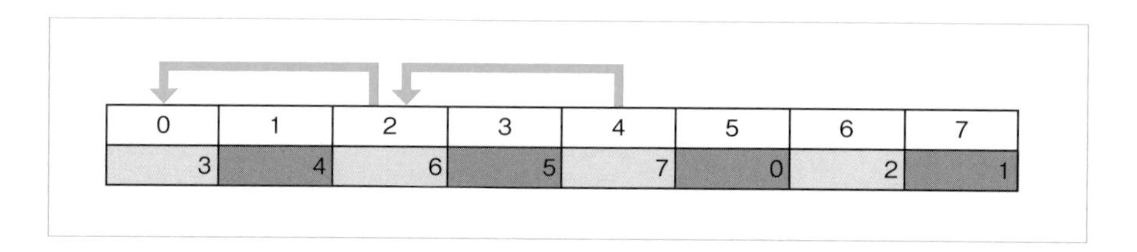

このように、グループ内で右側の要素に対し順次、挿入ソートと同じような処理を行います。

では実装してみましょう。以下のコードは、インターバルが2としてグループ内でソートを行っています。

コード 5-21

```
my_list = [7, 5, 6, 4, 3, 0, 2, 1]
n = len(my_list)
interval = 2

# インデックスがintervalから右側にある要素をひとつずつソート
for i in range(interval, n):
    target = my_list[i]
    j = i

    # i番目の要素をグループ内の適切な位置に挿入
    while j >= interval and target < my_list[j - interval]:
        my_list[j] = my_list[j - interval]
        j -= interval
    my_list[j] = target
    print(my_list)
```

実行すると、2番目の要素から順にグループ内で適切な位置に挿入が行われる様子が確認できます。

実行結果

```
[6, 5, 7, 4, 3, 0, 2, 1]
[6, 4, 7, 5, 3, 0, 2, 1]
[3, 4, 6, 5, 7, 0, 2, 1]
[3, 0, 6, 4, 7, 5, 2, 1]
[2, 0, 3, 4, 6, 5, 7, 1]
[2, 0, 3, 1, 6, 4, 7, 5]
```


このコードの6行目ではインデックスが2以降、つまり前述のとおりインターバル分飛ばした箇所から処理を開始します。

ループ内では先ほどの図のように以下の順で処理が行われます。

・インデックスが0までソート済みとみなし、インデックスが2のものをソート
・インデックスが1までソート済みとみなし、インデックスが3のものをソート
・インデックスが0、2までソート済み、インデックスが4のものをソート
・インデックスが1、3までソート済み、インデックスが5のものをソート
⋮

また、グループ内のソートは基本的には挿入ソートと同様です。処理を行う対象を比較したり動かす際、挿入ソートではひとつ横のものと比較して交換しましたが、シェルソートの場合はインターバルの分飛び越えて比較と交換を行います。このため、11行目の比較やwhile文のブロック内の処理ではintervalを引き算しています。

5-7-5 シェルソートの完成

では、先ほどのふたつのコードを組み合わせてシェルソートを完成させましょう。

コード5-22

```
def shell_sort(my_list):
    n = len(my_list)
    interval = n // 2
    while interval > 0:
        print("インターバル =", interval)

        # インデックスがinterval以降のものをソート
        for i in range(interval, n):
```

```
            target = my_list[i]
            j = i

            # グループ内で挿入ソートを実行する
            while j >= interval and target < my_list[j - interval]:
                my_list[j] = my_list[j - interval]
                j -= interval
            my_list[j] = target
            print(my_list)

        interval //= 2


data = [7, 5, 6, 4, 3, 0, 2, 1]
shell_sort(data)
print(data)
```

実行すると、以下のとおりインターバルごとにソートが実行されていることが確認できます。

実行結果

```
インターバル = 4
[3, 5, 6, 4, 7, 0, 2, 1]
[3, 0, 6, 4, 7, 5, 2, 1]
[3, 0, 2, 4, 7, 5, 6, 1]
[3, 0, 2, 1, 7, 5, 6, 4]
インターバル = 2
[2, 0, 3, 1, 7, 5, 6, 4]
[2, 0, 3, 1, 7, 5, 6, 4]
[2, 0, 3, 1, 7, 5, 6, 4]
[2, 0, 3, 1, 7, 5, 6, 4]
[2, 0, 3, 1, 6, 5, 7, 4]
[2, 0, 3, 1, 6, 4, 7, 5]
インターバル = 1
[0, 2, 3, 1, 6, 4, 7, 5]
[0, 2, 3, 1, 6, 4, 7, 5]
[0, 1, 2, 3, 6, 4, 7, 5]
[0, 1, 2, 3, 6, 4, 7, 5]
[0, 1, 2, 3, 4, 6, 7, 5]
[0, 1, 2, 3, 4, 6, 7, 5]
[0, 1, 2, 3, 4, 5, 6, 7]
[0, 1, 2, 3, 4, 5, 6, 7]
```

シェルソートの特徴

シェルソートは挿入ソートの改良版ということで、たいていの場合は挿入ソートより速いのですが、飛び越えた位置で要素の入れ替えを行うため安定ではありません。また、インターバルや初期状態によってパフォーマンスが変わります。極端な例ですが、インターバルの初期値が1の場合は、挿入ソートと同じになってしまいます。

このように平均計算量はインターバルにより異なるのですが、一般式を求めることが難しくほとんどのインターバルは計算量が不明です。さらに、最適なインターバルも証明されておらず未解決問題のひとつとなっています。

一方、最悪計算量が判明しているインターバルはいくつかあります。例えば、本書で紹介した2で割った商をインターバルとした場合の最悪計算量は$O(n^2)$となります。また、これより良いパフォーマンスのインターバルがいくつか発見されており、例えば$(3^k-1)/2$（$k=1, 2, 3 \dots$）をインターバルとすると、最悪計算量は$O(n^{1.5})$となります。

難易度 ★★☆

5-8 マージソート

5-8-1 マージソート

ふたつ以上のデータをひとつに統合することをマージと呼びます。例えば、ふたつのデータ列がありこれをひとつにするような処理が挙げられます。

図 5-31

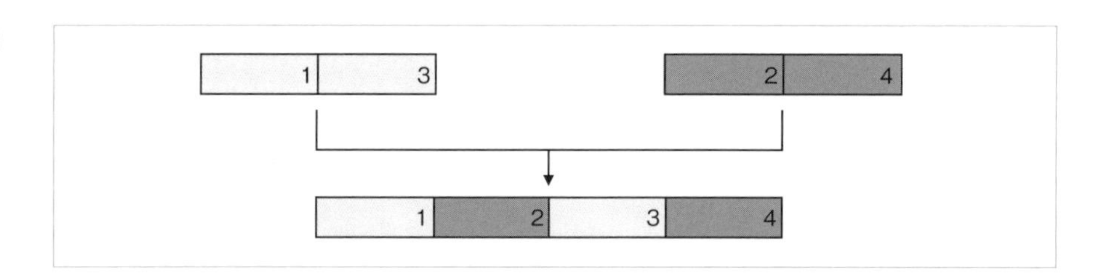

マージソートはデータの分割を繰り返していったん小さなデータにした後、それらの小さいデータに対してソート処理を繰り返し、データを統合、つまりマージすることでソートを行うアルゴリズムです。

なお、本章冒頭で解説したとおり、本書で紹介するマージソートはインプレースではありません*。

*インプレースなものも考案されているのですが、これは比較的複雑となるため解説は割愛します。

5-8-2 全体的な処理フロー

比較的学習難易度の高い処理です。まずは具体的な例で概念的なフローから見てみましょう。例えば、次ページのようなデータ列をソートする場合について考えてみます。

図 5-32

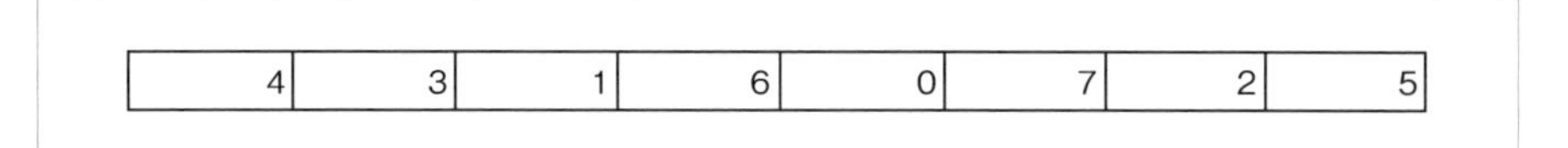

マージソートでは、まず論理的にデータ列の分割を繰り返します。この分割処理はそれぞれのデータ長が1になるまで繰り返します。

図 5-33

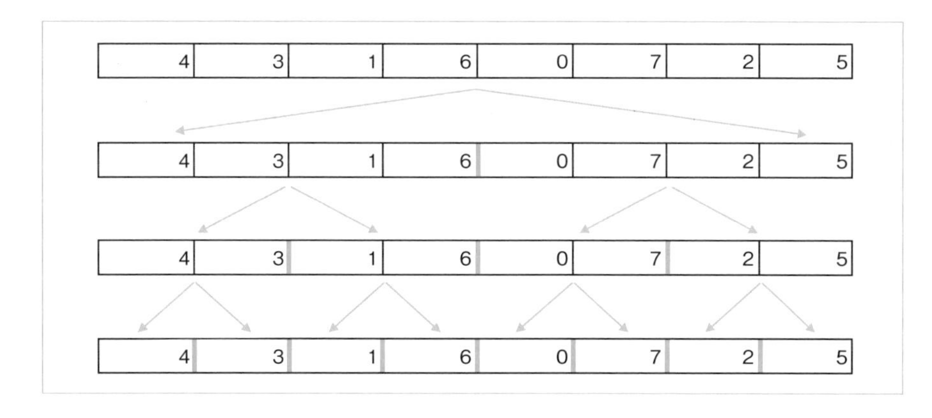

次に、分割したデータをソートしながらマージを繰り返し、元のデータ長になった時点でソートが完了します。

図 5-34

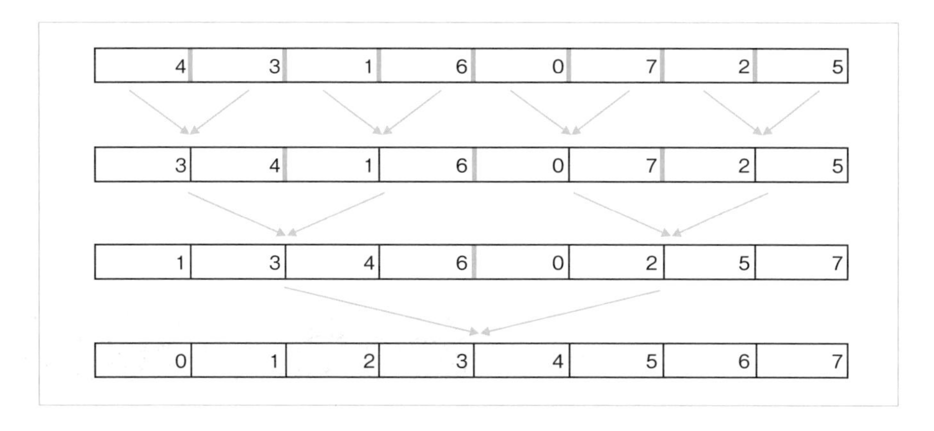

このように、部分ごとに処理を行い全体を統合するようなアルゴリズムを、**分割統治法**と呼びます。また、分割統治法の分割、統合処理はたいていの場合、再帰処理が使用されます。

5-8-3 範囲の表現

分割処理はインデックスを駆使して論理的に行うのですが、この点がマージソートの理解を難しいものにしていると言えます。このため、分割やマージの方法の解説の前にデータ列の範囲の表現について考えてみましょう。

あるデータ列の部分について、範囲を開始するインデックスと終了するインデックス、ふたつの変数で表す方法があります。本書では、これらを**開始インデックス**（start_idx）と**終了インデックス**（end_idx）と呼ぶことにします。例えば、以下のようなlist型変数について考えてみましょう。

コード5-23

```
data = [10, 11, 12, 13]
```

インデックスの範囲は0から3なので、データ列の全体を表したい場合、start_idx = 0、end_idx = 3となります。また、左半分を表したい場合はstart_idx = 0、end_idx = 1、右半分の場合はstart_idx = 2、end_idx = 3となります。なお、start_idx、end_idxが与えられた際、スライス構文で中身を確認する場合、ひとつ手前までしか取得されないため、end_idxに1を加算する必要がある点に注意してください。以下のコードは先ほどのlist型変数の0～1、つまり左半分を表しています。

コード5-24

```
data = [10, 11, 12, 13]
start_idx = 0
end_idx = 1
# ダンプして内容を確認
print(data[start_idx: end_idx + 1])
```

実行結果

```
[10, 11]
```

5-8-4 分割処理

ではここからは分割処理について解説します。分割方法はいろいろあるのですが、本書のマージソートは、あるデータ列で与えられた範囲を分割する場合、(start_idx＋end_idx)÷2の商部分、つまり(start_idx + end_idx) // 2を分割する中央のインデックス(mid_idx)とします。中央のmid_idxを含めた左側と、それより右側とに分割するものとします。なお、奇数の場合ですが、例えばインデックスが0～4、要素数が5の場合は(0 + 4) // 2 = 2となりmid_idxは右寄りの位置となります。

図 5-35 要素数が偶数の場合

0	1	2	3

図 5-36 要素数が奇数の場合

0	1	2	3	4

例えば、あるデータ列の4～7の範囲を分割する場合、(4 + 7) // 2 = 5で分けることになります。

図 5-37

0	1	2	3	4	5	6	7

ではここで、list型変数の指定された範囲を分割する関数を実装してみましょう。

コード 5-25

```
def my_split(my_list, start_idx, end_idx):
    # start_idx < end_idxではない場合、指定範囲の長さが1以下なので処理終了
    if not (start_idx < end_idx):
        return

    # 分割するインデックス
    mid_idx = (start_idx + end_idx) // 2
```

```
    # ダンプのため、スライス構文で切り出し
    # スライス構文は指定範囲のひとつ手前までなので1を足す

    # 左側(先頭〜mid)
    left = my_list[start_idx:mid_idx + 1]

    # 左側(mid〜末尾)
    right = my_list[mid_idx + 1:end_idx + 1]

    print(my_list, "=>", left, right)


data = [0, 1, 2, 3, 4]
my_split(data, 0, len(data) - 1)
```

実行結果

```
[0, 1, 2, 3, 4] => [0, 1, 2] [3, 4]
```

上のコードのmy_split関数は、引数で指定したlist型の変数をインデックスの範囲で分割します。通常start_idx < end_idxとなるはずですが、そうでない場合、つまり長さが1以下の場合はそれ以上分割できないため処理を終了します。

7行目で、(start_idx + end_idx) // 2で範囲内の分割するインデックスのmid_idxを求めています。最後に、確認のためスライス構文を使用してダンプする処理を行っています。前述のとおり、スライス構文は指定範囲のひとつ手前までとなるため1を足しています。

このmy_split関数は分割処理を1回行うわけですが、以下のように再帰的にこの処理を呼び出すと長さ1まで分割を繰り返すことができます。

コード5-26

```
def my_split(my_list, start_idx, end_idx):
    # 確認用にダンプ
    print(my_list[start_idx: end_idx + 1])

    # start_idx < end_idxではない場合、指定範囲の長さが1以下なので処理終了
    if not (start_idx < end_idx):
        return
```

```
    # 分割するインデックス(=右側の最初のインデックス)
    mid_idx = (start_idx + end_idx) // 2

    # 左側をさらに分割
    my_split(my_list, start_idx, mid_idx)

    # 右側をさらに分割
    my_split(my_list, mid_idx + 1, end_idx)


data = [0, 1, 2, 3, 4]
my_split(data, 0, len(data) - 1)
```

出力結果を確認して分割される様子を確認してみましょう。

実行結果

```
[0, 1, 2, 3, 4]
[0, 1, 2]
[0, 1]
[0]
[1]
[2]
[3, 4]
[3]
[4]
```

5-8-5 マージ処理

次に、もうひとつの処理の中核であるマージ処理について解説します。マージソートは、前述のとおりソート済みのふたつのデータ列をひとつのソート済みデータ列にマージを行います。

例えば、あるデータ列の一部が以下のように[1, 2]と[0, 3]をマージする場合について考えてみます。

まず、それぞれの部分列をいったんコピーしたデータ列を生成します。ここで新たにデータ件数に依存するメモリ量が必要となるため、本書で紹介するマージソートではインプレースではなくなります。以降、コピーしたデータを便宜上、左コピー、右コピーと呼ぶことにします。

図 5-38

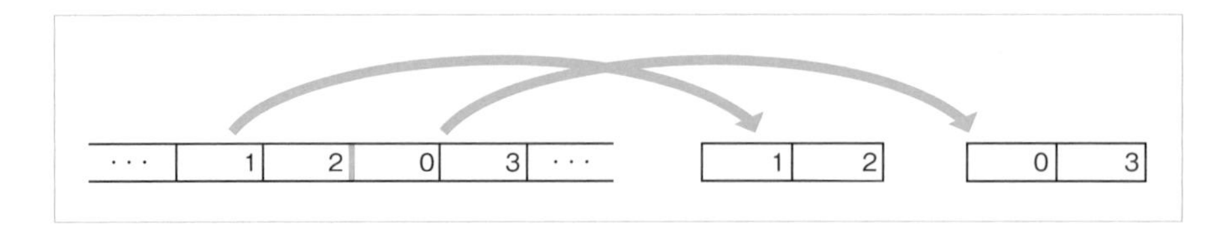

次に、左コピー、右コピーの小さいものから順に元のデータの範囲に上書きしていきます。

図 5-39

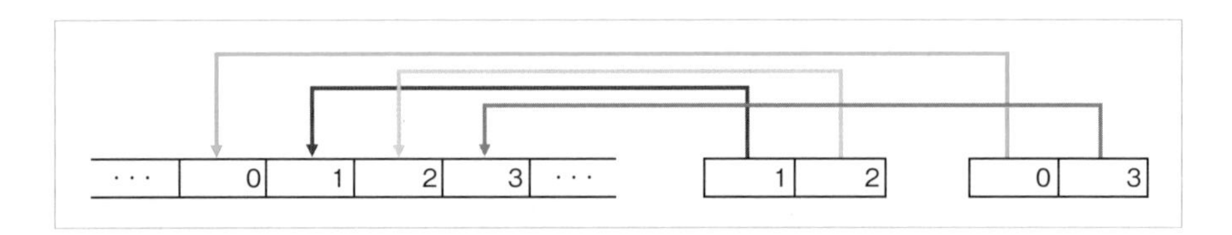

では具体的な方法について解説します。まず、以下のコードを見てください。

コード 5-27

```
def merge(my_list, start_idx, mid_idx, end_idx):
    # 右側、左側をコピーしたリストを新たに生成
    left_copy = my_list[start_idx:mid_idx + 1]
    right_copy = my_list[mid_idx + 1:end_idx + 1]

    # 元のリスト、左コピー、右コピーのそれぞれの0番目のインデックス
    idx = start_idx
    left_idx = 0
    right_idx = 0
    left_count = len(left_copy)
    right_count = len(right_copy)

    # 左コピー、右コピーそれぞれ0番目から順に比較し、小さいものを元のリストに設定
    while left_idx < left_count and right_idx < right_count:
        if left_copy[left_idx] <= right_copy[right_idx]:
            # 左側要素の要素が右側以下の場合
            # (※ ここで、不等号にイコールが入っているため安定なソートとなる)
            my_list[idx] = left_copy[left_idx]

            # インデックスを進める
            idx += 1
```

```
                left_idx += 1
            else:
                # 右側要素のほうが小さい場合
                my_list[idx] = right_copy[right_idx]

                # インデックスを進める
                idx += 1
                right_idx += 1

        # 残った要素を元のデータ列に戻す
        while left_idx < left_count:
            my_list[idx] = left_copy[left_idx]
            idx += 1
            left_idx += 1

        while right_idx < right_count:
            my_list[idx] = right_copy[right_idx]
            idx += 1
            right_idx += 1


data = [1, 2, 0, 3]
n = len(data)
start_idx = 0
end_idx = len(data) - 1
mid_idx = (start_idx + end_idx) // 2
merge(data, 0, mid_idx, n - 1)
print(data)
```

merge関数は引数で指定されたlist型変数のmy_listについて、start_idx、mid_idx、end_idxで2分割された範囲をソートしながらマージします。実行すると、インデックスが0～1、2～3の範囲をマージしてソートされることが確認できます。

実行結果

```
[0, 1, 2, 3]
```

コードの解説です。まず、3～4行目は前述のとおり、左右それぞれコピーを作成します。7～9行目で以下のように元のデータ列と左コピー、右コピーのそれぞれ左端のインデックスを格納した変数を初期化します。

概念的には次ページの図の状態となっています。色をつけた部分は、元のデータ列でソートされていない部分を表しています。

図 5-40

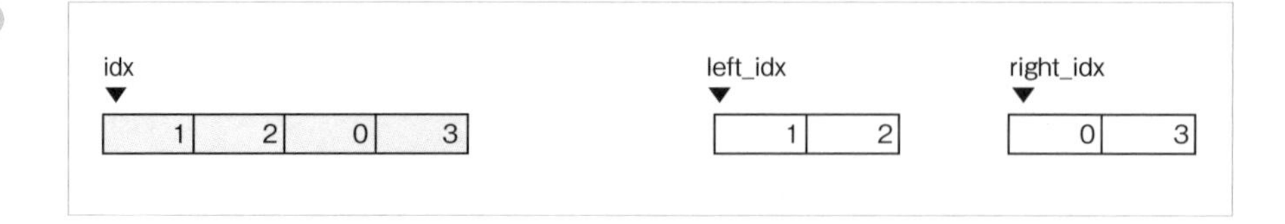

この後、下図のように左コピー、右コピーの要素を比較しながら元のデータ列に小さい要素から順にコピーしていきます。14 ～ 28行目がこの処理に該当します。

①`left_idx`の要素と`right_idx`の要素を比較し、小さいほうの`0`を`idx`の位置にコピーする。また、`idx`と小さいほうだった`right_idx`をひとつ進める。

図 5-41

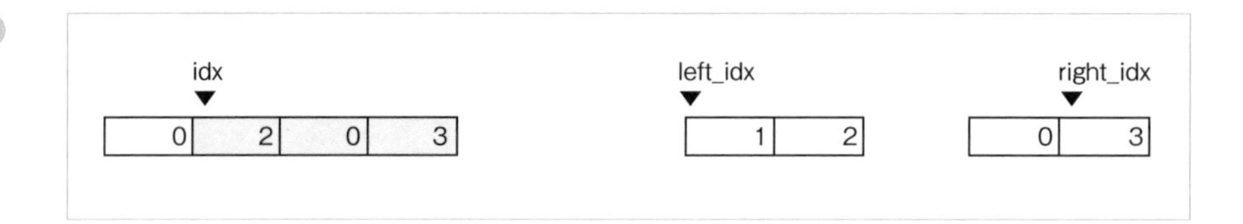

②`left_idx`の要素と`right_idx`の要素を比較し、小さいほうの`1`を`idx`の位置にコピーする。また、`idx`と小さいほうだった`left_idx`をひとつ進める。

図 5-42

この処理を続けると、`left_idx`、`right_idx`のどちらかが末尾を超え比較ができなくなりますが、この後は残った要素を`idx`の位置以降にコピーすれば完了です。31行目以降がその処理に該当します。

ところで、左コピーと右コピーの要素を比較する際、不等号にイコールがついていますが、このため同じ値の場合は元々左側にあったものがマージ後も左側に配置されることになります。このため、このマージ処理は安定となります。

ようやく準備が終わりましたのでコードを完成させましょう。

5-8-6 マージソートの完成

先ほど紹介した処理を組み合わせ、前述のとおり分割とマージ処理を再帰的に実装します。merge関数は、先ほどの実装をそのまま使用することにします。

コード 5-28

```
def merge_sort(my_list, start_idx, end_idx):
    # start_idx < end_idxではない場合、部分リストの長さが1以下なので処理終了
    if not (start_idx < end_idx):
        return

    # 中央のインデックスを求める
    mid_idx = (start_idx + end_idx) // 2

    # 再帰的に分割する
    merge_sort(my_list, start_idx, mid_idx)
    merge_sort(my_list, mid_idx + 1, end_idx)

    # ソートされたふたつのデータ列をソートしながらマージする
    merge(my_list, start_idx, mid_idx, end_idx)

data = [1, 6, 3, 4, 5, 7, 0, 2]
merge_sort(data, 0, len(data) - 1)
print(data)
```

実行結果

```
[0, 1, 2, 3, 4, 5, 6, 7]
```

merge_sortは、引数で指定したリストとその範囲をマージソートする関数です。関数の処理の前半はmy_split関数と同様、再帰的に処理を呼び出し論理的な分割を行います。その後処理の後半で、再帰から復帰したものから順にmerge関数を呼び出しマージを行います。

マージソートの特徴

本文中で解説したとおり安定なソートで、平均計算量は$O(n \log n)$となり比較的早いソートです。また、最悪計算量が$O(n \log n)$となり、初期状態に依存せずパフォーマンスが安定しているという特徴があります。

難易度 ★★☆

5-9 クイックソート

5-9-1 クイックソート

クイックソートはデータ列から適当な基準値を決め、これより大きいグループと小さいグループに分割し、分けたグループに対しさらに同様の処理を繰り返すことでソートを行うアルゴリズムです。基準値は**ピボット**や**軸**と呼ばれますが、本書ではピボットと記述することにします。

5-9-2 全体的な処理フロー

マージソートと同様、学習難易度が高い処理なのでまずは具体的な全体的なフローを見てみましょう。例えば、以下のようなデータ列をソートする場合について考えてみます。

図5-43

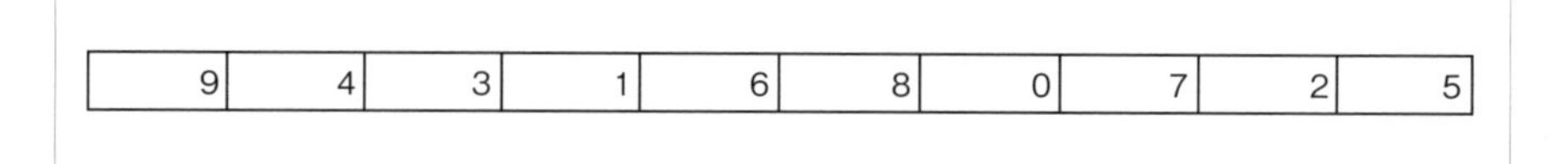

まず、ピボットを選択します。ピボットの選び方はさまざまな方法があるのですが、本書は簡単に一番右端のものを使用することにします。上のデータの右端は5であるため、5をピボットとします。ピボットの5と比較して以下のグループとより大きいグループに分けると、例えば次ページのようになります。この分割処理の具体的な方法については後述します。

図 5-44

なお、このデータ列は説明用のため用意したもので、概ね左右バランス良く分割できていますが、常にこのようにバランス良く分かれるわけではないという点に注意してください。

次に、分割したグループの左側について処理を進めます。再度ピボットを選びます。一番右端が2であるためこのグループをさらに分割してみます。先ほどと同様、グループ内の右端が2なので、2をピボットとすると、例えば以下のように分割することができます。

図 5-45

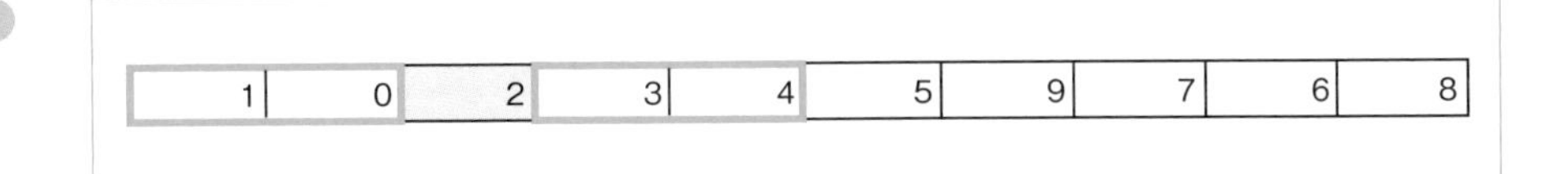

さらに、細分化したグループについて同様の処理を繰り返すことにより左半分ソートが完了します。

図 5-46

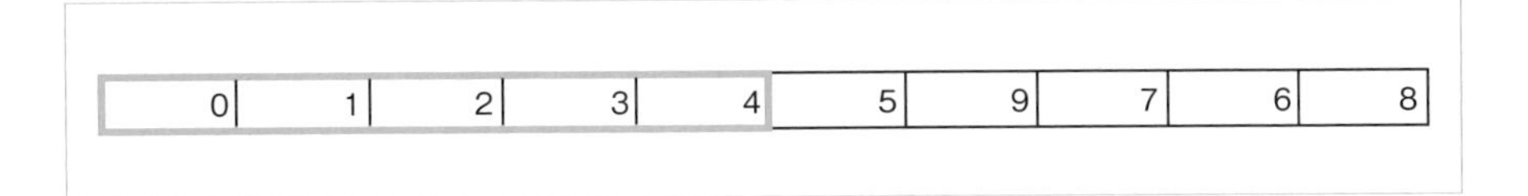

最初に分割した右側のグループについても同様にピボットを定めて分割を繰り返すと、結果としてデータ全体がソートされます。

図 5-47

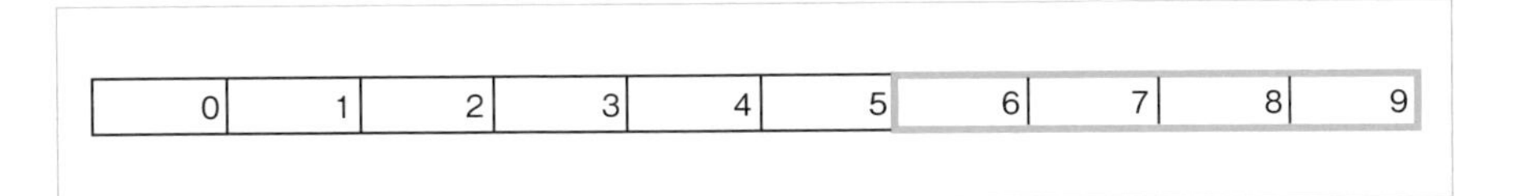

マージソートと同様、クイックソートも分割統治法の一種であるため、再帰処理を使用します。

5-9-3 分割処理

次に、処理の中核となる分割処理について解説します。なお、分割はマージソートのときと同様、インデックスを使用して論理的な分割を表現します。また、大小の分割の境界位置のインデックスを本書では**パーティションインデックス**と呼ぶことにします。

ピボットの選び方と同様、分割処理についてもさまざまな方法があるのですが、本書では左端から順に要素とピボットの大小関係を確認し、ピボットより小さいデータはパーティションインデックスの左側に移動する処理を繰り返すことにより、分割を行います。

具体例を確認してみましょう。以下のようなデータがあったとします。

図5-48

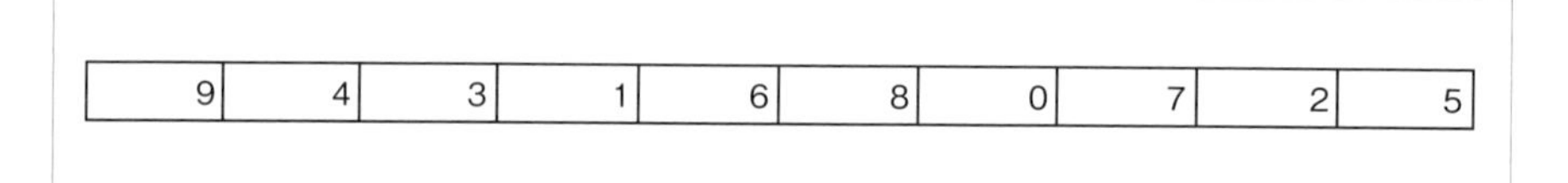

以降、下向き三角（▼）を処理対象のインデックスの位置、色のついた太線をパーティションインデックスの位置、色のついたセルを交換を行った要素とします。

①まず、ピボットを選びます。右端の5がピボットとなります。
②また、パーティションインデックスの初期値は左端インデックス－1を設定します。

図5-49

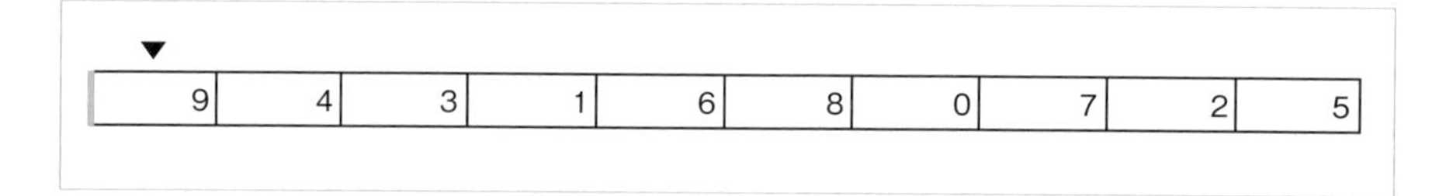

③ここから左端から順にループでピボットとの大小関係を調べます。インデックスが0番目の要素は9なのでこれはピボットより大きいため、特に処理は行われません。次の要素は4ですが、これはピボットより小さいため、パーティションインデックスの左側に移動させたいところです。このため、まずパーティションインデックスの位置をひとつ右側に進めます。

図 5-50

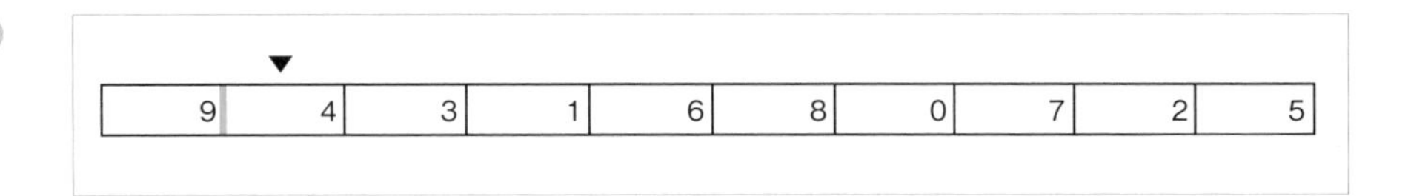

パーティションインデックスの位置の9と処理対象の4を入れ替えます。

図 5-51

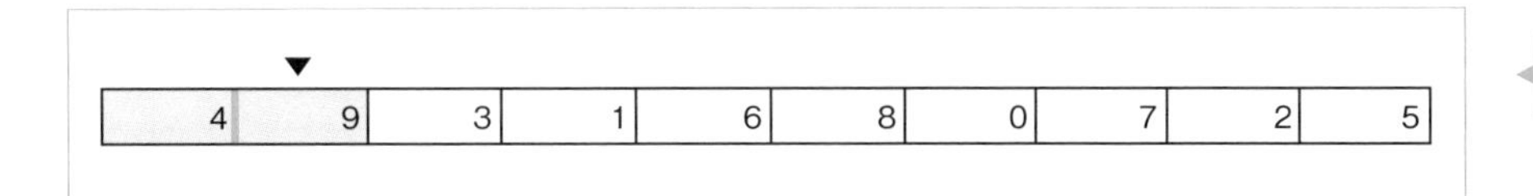

この処理を繰り返すと、全体として下図のようにデータが移動します。

図 5-52

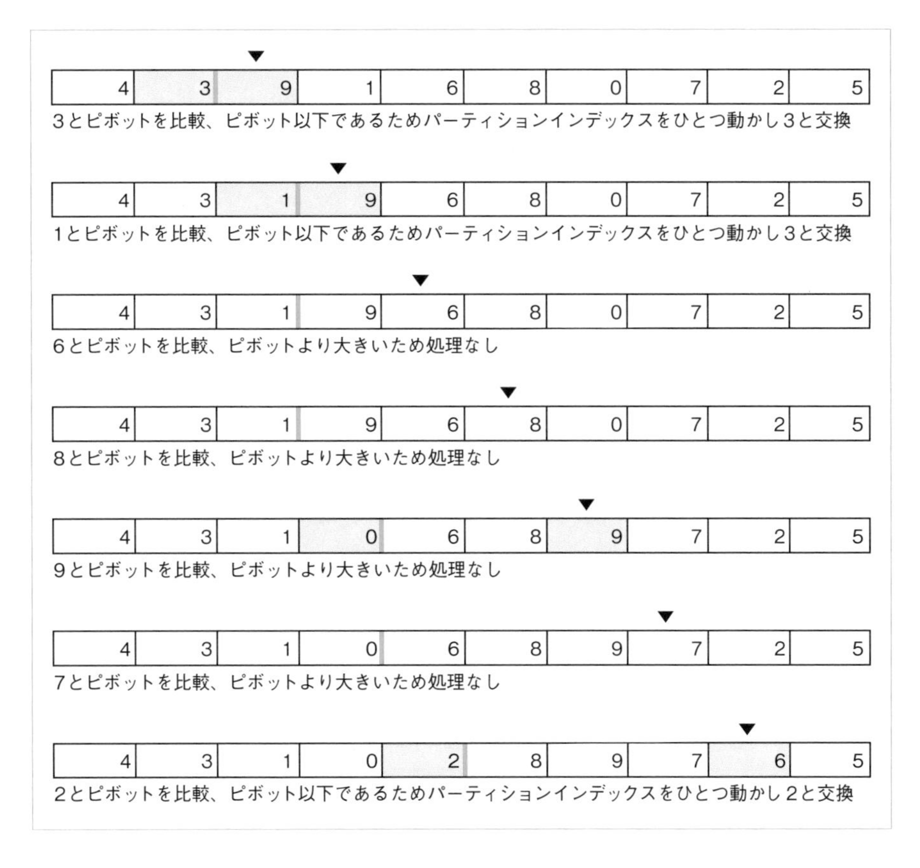

このように、左のデータから順にピボットと比較し交換する処理を繰り返すことで、パーティションの左には小さいデータ、右には大きいデータがあるという状態に更新されます。また、図からわかるとおり、離れた位置の要素が交換されるため

安定ではなくなります。

④最後に、パーティションインデックスの位置をひとつ進め、ピボットである右端要素とパーティションインデックスの位置の要素と交換することで分割が完了します。また、パーティションインデックスの位置とピボットの位置が一致した状態になります。

図 5-53

4	3	1	0	2	8	9	7	6	5

4	3	1	0	2	5	9	7	6	8

5-9-4 分割処理の実装

　ではいきなりですが処理の中核となる、ピボットを定めて分割処理を行う関数から実装しましょう。

コード 5-29

```
def partition(my_list, start_idx, end_idx):
    # 右端の要素をピボットとする
    pivot = my_list[end_idx]
    # 左端-1をパーティションインデックスの初期位置とする
    partition_idx = start_idx - 1

    for idx in range(start_idx, end_idx):

        # 処理対象の要素
        target = my_list[idx]

        # 処理対象の要素がピボット以下かどうか
        if target <= pivot:
            # パーティションインデックスの位置をひとつ進める
            partition_idx = partition_idx + 1

            # パーティションインデックスの位置の要素と交換
            my_list[partition_idx], my_list[idx] = \
                my_list[idx], my_list[partition_idx]
```

```
    # パーティションインデックスの位置をひとつ進める
    partition_idx = partition_idx + 1

    # ピボットをパーティションインデックスの位置の要素と交換
    my_list[partition_idx], my_list[end_idx] = \
        my_list[end_idx], my_list[partition_idx]

    return partition_idx

data = [9, 4, 3, 1, 6, 8, 0, 7, 2, 5]
n = len(data)
partition_idx = partition(data, 0, n - 1)
print(data)
print("パーティションインデックスの位置", partition_idx)
```

partition関数は、引数に分割対象となるデータとその範囲を表すインデックスを指定すると、その範囲の右端をピボットとして内部を分割します。

図 5-54

処理前

9	4	3	1	6	8	0	7	2	5

処理後

4	3	1	0	2	5	9	7	6	8

3行目でピボットを選び出し、5行目でパーティションインデックスの初期位置を設定しています。7行目以降のループ処理で、先ほどの③の処理が行われ、結果としてデータ列がグループ分けされます。また、パーティションインデックスの位置は処理を再帰で繰り返す際に使用するため、partition_idxという変数に格納して返します。

実行結果

```
[4, 3, 1, 0, 2, 5, 9, 7, 6, 8]
パーティションインデックスの位置 5
```

データ列の各ステップでの動きは、分割処理で解説した図と同様の動きとなるため、あわせて参照してください。

5-9-5 クイックソートの完成

ピボットに基づいて分割する処理が実装できたため、後は先ほどの処理を再帰的に呼び出すことでソートが実現できます。

コード 5-30

```
def quick_sort(my_list, start_idx, end_idx):
    # start_idx < end_idxではない場合、指定範囲の長さが1以下なので処理終了
    if not (start_idx < end_idx):
        return

    partition_idx = partition(my_list, start_idx, end_idx)
    quick_sort(my_list, start_idx, partition_idx - 1)
    quick_sort(my_list, partition_idx + 1, end_idx)


data = [9, 4, 3, 1, 6, 8, 0, 7, 2, 5]
n = len(data)
quick_sort(data, 0, n - 1)
print(data)
```

先ほど実装したpartition関数を呼び出すことで、データ列はピボット位置を中心に左右に分割されます。左右のグループごとに再帰的に呼び出しを行います。マージソートのときと同様、start_idx < end_idxではない場合、部分リストの長さが1以下なので再帰から復帰します。

なお、再呼び出しで指定する範囲についてですが、左側の再帰の終了インデックスにはpartition_idx - 1が、右側の再帰の開始インデックスはpartition_idx + 1が指定され、パーティションインデックスの位置自体はどちらの範囲も含まれません。

実行結果

```
[0, 1, 2, 3, 4, 5, 6, 7, 8, 9]
```

クイックソートの特徴

実装の解説で記述したとおり、クイックソートは離れた位置の要素の交換が発生するため安定ではありません。平均的計算量は$O(n \log n)$となり、その名のとおり高速なソートなのですが、対象データ列とピボットの選び方次第でパフォーマンスが変動します。左右で偏りが大きい場合はパフォーマンスが落ちてしまい、最悪計算量はマージソートや第9章で紹介するヒープソートと比較して遅い$O(n^2)$となります。

例えば、本節で使用した一番右端をピボットとする方法の場合、[9, 8, 7, 6, 5, 4, 3, 2, 1, 0]をソートすると、ピボットはグループ内で常に最小値となるため、比較交換回数が増大することが感覚的にもわかるかと思います。

実際、このケースでは以下のコードのようにpartition関数の18行目の交換処理が実行される回数を計上する処理を追加すると、20回実行されることが確認できます。解説で使用したデータ列の場合は交換処理は10回となるため、大きくパフォーマンスが劣化しています。

コード5-31

```
cnt = 0 # 交換回数の計上用

def partition(my_list, start_idx, end_idx):
    # ⋮
    # 中略
    # ⋮
            # パーティションインデックスの位置の要素と交換
            my_list[partition_idx], my_list[idx] = \
                my_list[idx], my_list[partition_idx]
            global cnt
            cnt += 1
    # ⋮
    # 中略
    # ⋮

quick_sort(data, 0, n - 1)
print(cnt)
```

こういった最悪ケースを避けるため、ピボットをランダムに選んだり、グループ内のデータをいくつかピックアップし、中央値に近い値を選ぶ、といった実装方法があります。

Pythonのソート

Pythonでlist型をソートをする場合、sortメソッドや組み込み関数のsorted関数が使用できます。sortメソッドはlist型変数自体をソートします。

コード5-32

```
my_list = [6, 1, 4, 3, 2, 9, 8, 5, 10, 7]
my_list.sort()
print(my_list)
```

実行結果

```
[1, 2, 3, 4, 5, 6, 7, 8, 9, 10]
```

一方、sorted関数は引数で指定したlist型変数自体はソートせず、新たにソートしたlist型変数を返します。

コード5-33

```
my_list = [6, 1, 4, 3, 2, 9, 8, 5, 10, 7]
my_list2 = sorted(my_list)
print(my_list)
print(my_list2)
```

実行すると、元のリストは変更されていないことが確認できます。

実行結果

```
[6, 1, 4, 3, 2, 9, 8, 5, 10, 7]
[1, 2, 3, 4, 5, 6, 7, 8, 9, 10]
```

ところで、これらのソートは**ティムソート**と呼ばれるアルゴリズムが使用されています。基本的なソートアルゴリズムの範囲を超えるため、詳細な解説は割愛しますが、挿入ソートとマージソートを組み合わせたソートで、平均計算量、最悪計算量が$O(n \log n)$と高速である上、安定なソートであるためPython以外にもさまざまな言語で採用されています。

章末問題

Q1 以下は、list型変数my_listのなかで5以下の要素のインデックスを後方から調べて表示するPythonコードである。空欄①に入れる正しい答えはどれか。

コード 5-34

```
my_list = [1, 3, 5, 7, 10]
idx = len(my_list) - 1
while 【  ①  】:
    idx -= 1
print(idx)
```

ア： `0 <= idx and 5 < my_list[idx]`

イ： `5 <= idx and 0 < my_list[idx]`

ウ： `0 < idx and 5 <= my_list[idx]`

エ： `5 < idx and 0 <= my_list[idx]`

Q2 同じ値が複数存在するデータをソートした場合、ソート前後でそれらの要素の順番が変わらないような性質を持ったソートをなんというか。

ア： 安定なソート

イ： インプレースなソート

ウ： 外部ソート

エ： 分割統治法

Q3 挿入ソートの特徴を述べたものは次のうちどれか。

ア： 計算量は$O(n \log n)$で、安定なソートである

イ： 計算量は$O(n \log n)$で、安定なソートではない

ウ： 計算量は$O(n^2)$で、安定なソートである

エ： 計算量は$O(n^2)$で、安定なソートではない

Q4 となり合う要素の大小を比較し交換を繰り返し整列するソートは、次のうちどれか。

ア： 挿入ソート
イ： 選択ソート
ウ： バブルソート
エ： クイックソート

Q5 クイックソートについて述べたものは次のうちどれか。

ア： 未ソート部分のなかから最小値を選び先頭と交換する操作を繰り返す
イ： 未ソート部分から要素をひとつずつソート済みの部分の適切な位置に挿入する
ウ： ピボットと呼ばれる基準値を選び大小関係に基づきデータ列の二分を繰り返す
エ： となり合う要素の大小を比較し交換する操作を繰り返す

第6章

探索

list型のような複数の値を保持することができるデータ構造のなかから、特定の値を探し出す操作のことを、探索と呼びます。第6章では探索アルゴリズムについて解説します。

難易度 ★☆☆

6-1 線形探索

6-1-1 線形探索

探索アルゴリズムのなかでも最も単純なものが**線形探索**です。おそらく多くの方が思いつく方法だと思いますが、最初から順にひとつずつ調べていけば目的の数字を見つけることができます。

図 6-1

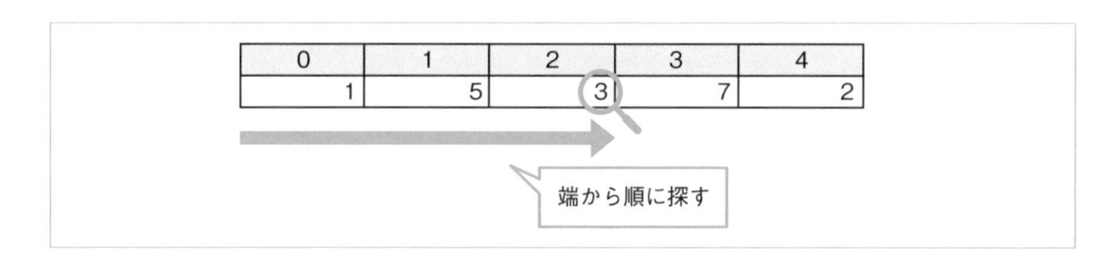

では線形探索のPythonでの実装例を見てみましょう。以下のコードは、適当なlist型変数のなかから線形探索で3が何番目にあるのかを見つけて表示しています。

コード 6-1

```
def my_linear_search(my_list, val):
    for i, n in enumerate(my_list):
        if n == val:
            print(str(i) + "番目に見つかりました")
            return

    print("見つかりませんでした")

l = [1, 5, 3, 7, 2]
my_linear_search(l, 3)
```

実行結果

```
2 番目に見つかりました
```

for文で要素を最初から順に調べ、目的の数が発見できればprint関数で何番目かを表示して処理を終了します。また、発見できなかった場合は見つからなかった旨を表示します。要素数をn個とした場合、平均的には$(n+1)/2$回で見つけることができます。このため線形探索の計算量は$O(n)$になります。

6-1-2 番兵法

線形探索でループをインデックスでコントロールする場合、**番兵法**と呼ばれる方法がありますので紹介します。Pythonをはじめとしたモダンな言語ではほとんど使われないのですが、伝統的な方法であるため教養として知っておくことをおすすめします。先ほどの線形探索のコードはリストのイテレーターを使用しましたが、インデックスのインクリメントでループを回し、インデックスの上限で終了判定すると以下のようになります。

コード 6-2

```
def my_linear_search2(my_list, val):
    idx = 0
    N = len(my_list)

    while idx < N:
        if my_list[idx] == val:
            print(str(idx) + "番目に見つかりました")
            return
        idx += 1
    print("見つかりませんでした")


l = [1, 5, 3, 7, 2]
my_linear_search2(l, 3)
my_linear_search2(l, 6)
```

実行すると次ページの結果を得ることができます。

実行結果

```
2番目に見つかりました
見つかりませんでした
```

このコードはループが回るたびにidx < Nの判定処理が実行されます。ここで、データの末尾に対象データを付加してみます。

図 6-2

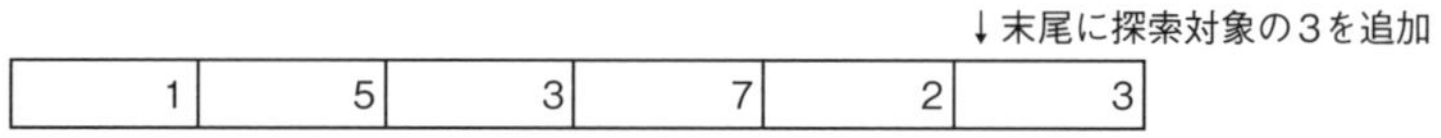

↓末尾に探索対象の3を追加

1	5	3	7	2	3

こうすることで、必ずデータが発見できるためインデックスによる終了判定を省略することが可能となります。この追加したデータを**番兵**と呼びます。先ほどのコードを、番兵法を使用した方法に修正すると以下のようになります。

コード 6-3

```
def my_linear_search_sentinel(my_list, val):
    idx = 0
    N = len(my_list)
    # 番兵を末尾に追加
    my_list.append(val)

    while True:
        if my_list[idx] == val:
            break
        idx += 1

    if idx == N:
        print("見つかりませんでした")
    else:
        print(str(idx) + "番目に見つかりました")


l = [1, 5, 3, 7, 2]
my_linear_search_sentinel(l, 3)
my_linear_search_sentinel(l, 6)
```

実行すると、先ほどと同様に次ページの結果を得ることができます。

実行結果

```
2番目に見つかりました
見つかりませんでした
```

終了判定の`idx < N`がなくても動作することが確認できます。ループが回るたびに行われていた判定処理が省略できるため、回数の多いループ処理では処理の高速化に寄与します。イテレーターが実装されていない言語でよく使われていた方法なのですが、

・元のシーケンスにデータ追加が必要
・終了条件がわかりづらく可読性が落ちる

といった理由もあり、前述のとおり近年では番兵法を使うことはあまりありません。

難易度 ★☆☆

6-2 二分探索

探索するデータに法則性がない場合は、前節のように線形探索で力任せに調べるしかありません。ところが、あらかじめ整列されている場合は効率の良い方法があります。

6-2-1 二分探索

いくつかの数字が整列されて配置されている、以下のようなlist型の変数があったとします。

図6-3

0	1	2	3	4	5	6	7	8	9	10	11
1	2	5	7	9	15	21	22	25	28	31	35

例えば、このデータのなかに「22」がどこにあるのかを調べる場合について考えてみましょう。まず、中央の要素を確認してみます。この値は15なので、それ以上の要素が格納された右半分を調べれば良いことがわかります。

図6-4

0	1	2	3	4	5	6	7	8	9	10	11
1	2	5	7	9	15	21	22	25	28	31	35

次に絞り込んだ右半分について考えてみます。また、そのなかの中央の要素は25なので、今度は右半分のさらに左側に絞り込むことができます。

図 6-5

0	1	2	3	4	5	6	7	8	9	10	11
1	2	5	7	9	15	21	22	25	28	31	35

このように、2分割を繰り返して探索範囲を狭めていく方法が**二分探索**です。

では、二分探索のPythonでの実装例を見てみましょう。以下のコードは、適当なlist型変数のなかから、二分探索で22が何番目にあるのかを見つけて表示しています。

コード 6-4

```
def my_binary_search(data_list, target):
    left = 0
    right = len(data_list) - 1

    while left <= right:
        print(data_list[left: right + 1])

        # left～rightの中央を求める
        mid = (right + left) // 2

        # 範囲の中央の値が対象データより小さい場合、範囲を右側に狭める
        if data_list[mid] < target:
            left = mid + 1

        # 範囲の中央の値が対象データより大きい場合、範囲を左側に狭める
        elif data_list[mid] > target:
            right = mid - 1

        # 一致する場合
        else:
            print(mid, "番目に見つかりました")
            return

    print("見つかりませんでした")


my_binary_search([1, 2, 5, 7, 9, 15, 21, 22, 25, 28, 31, 35], 22)
```

コードの解説です。`left`、`right`は探索範囲を指し示すインデックスをそれぞれ表しています。このため、初期値はlistの両端、`0`と終端が初期値として設定されています。この`left`と`right`を徐々に狭めていくわけなのですが、この両者が

一致するまでループで処理を行います。

次にループの内部を見てみましょう。

6行目は動作の確認用にループ中でのデータの範囲をダンプしています。9行目でデータの中央を探しています。//演算子で2で除算した商を求めていますが、これを探索範囲の中央として変数midに格納しています。ですので、要素数が偶数の場合は完全な対称ではなく、左側のほうが要素数はひとつ多くなります。

11行目から22行目の間で中央の値と探索対象の値を比較します。ここで中央の値が探索対象より大きい場合は範囲の左半分を、そうでない場合は右半分をさらに探索、一致している場合はそこで処理が終了、というように処理が行われます。

ループを抜けてしまった場合は発見できなかったというわけで、24行目にその旨を表示します。

実行すると以下のように表示され、探索範囲が絞り込まれていく様子が観察できます。引数を適宜変更して動作を確認してみてください。

実行結果

```
[1, 2, 5, 7, 9, 15, 21, 22, 25, 28, 31, 35]
[21, 22, 25, 28, 31, 35]
[21, 22]
[22]
7 番目に見つかりました
```

二分探索ではデータ数をnとした場合、探索回数、つまり探索範囲を狭めていく処理が1回、2回、3回と進むにつれ、探索範囲のデータ数は$n/2$、$n/4$、$n/8$、といった具合に減少し、探索範囲のデータ数が1になるには$\log n$を切り上げた回数探索を行うことになります。このため二分探索の計算量は$O(\log n)$になります。

補足 重複した値がある場合

本節では、重複した値がないデータ列での動作を紹介しました。もし重複した値があった場合、線形探索では一番先頭側のデータが最初に見つかるのですが、二分探索の場合は不定である点に注意してください。例えば、[1, 2, 2, 2, 2, 3, 4, 5]のなかから線形探索で2を探した場合は一番先頭から近い1番目のものが見つかります。一方、次ページのコードのように二分探索で探した場合、見つかるのは3番目の2となります。

コード 6-5

```
my_binary_search([1, 2, 2, 2, 2, 3, 4, 5], 2)
```

実行結果

```
3 番目に見つかりました
```

このため、重複した値があるデータ列を探索する場合、存在判定には使用できるのですが、最初に出現するインデックスを取得する場合にはそのまま使用することができません。見つかったインデックスから前方に順に走査する、といった実装を加える必要があります。

以下のコードは先ほどの実行結果である3番目から順に不一致となるまで前方の要素と比較を行い、最初に出現するインデックスを特定して表示しています。

コード 6-6

```
def get_first_idx(my_list, idx):
    while my_list[idx] == my_list[idx - 1]:
        idx -= 1
    print(idx)


get_first_idx([1, 2, 2, 2, 2, 3, 4, 5], 3)
```

実行すると、最初の2が出現する1番目のインデックスを得ることができます。

実行結果

```
1
```

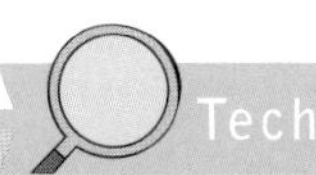

Technical Info

list型の探索

Pythonのlist型には内部を探索するためにいくつかメソッドや演算子が用意されています。簡単に紹介します。

まず、in演算子で、含まれているかどうかを判定することができます。

コード6-7

```
my_list = [6, 1, 4, 3, 2, 9, 8, 5, 10, 7]

is_contained = (3 in my_list)
print(is_contained)
```

実行すると、my_listに3が含まれていることが確認できます。

実行結果

```
True
```

また、countメソッドで、指定した値がいくつ含まれているか確認することができます。

コード6-8

```
my_list = [6, 1, 4, 3, 2, 9, 8, 5, 10, 7]

cnt = my_list.count(9)
print(cnt)
```

実行すると9はmy_listにひとつ含まれていることが確認できます。

実行結果

```
1
```

さらに、indexメソッドで、指定した値が最初に発見できたインデックスを取得することが可能です。ただし、指定した値が含まれていない場合はValueErrorが発生します。

コード6-9

```
my_list = [6, 1, 4, 3, 2, 9, 8, 5, 10, 7]

index = my_list.index(9)
print(index)
```

実行すると、9は0から数えて5番目であることが確認できます。

実行結果

```
5
```

章末問題

Q1 線形探索を使用して探索した場合の平均的な計算量は次のうちどれか。

ア： $O(1)$

イ： $O(log\ n)$

ウ： $O(n)$

エ： $O(n^2)$

Q2 以下は、番兵法を使用した線形探索で、list型変数のなかから変数valと同じ値がどこに格納されているのかを調べるコードである。空欄①に入れる正しい答えはどれか。

コード 6-10

```
data = [1, 5, 3, 7, 2]
val = 9
idx = 0
N = len(data)
data.append(val)

while True:
    if data[idx] == val:
        break
    idx += 1

if【  ①  】:
    print("見つかりませんでした")
else:
    print(str(idx) + "番目に見つかりました")
```

ア： `idx == 0`

イ： `idx == N`

ウ： `idx == N + 1`

エ： `data[idx] == val`

Q3 二分探索を使用して探索した場合の平均的な計算量は、次のうちどれか。

ア： $O(1)$
イ： $O(log\ n)$
ウ： $O(n)$
エ： $O(n^2)$

第 7 章

連想配列

配列やリストは、データアクセスする際の添字として非負の整数を指定しました。この考えを拡張して、数字以外に文字列などの特定のデータを添字のように使用できるようにしたものを、**連想配列**と呼びます。Pythonのdict型はまさに連想配列の一種です。前の章で探索について解説しましたが、第7章で解説するこの連想配列は、計算量が$O(1)$という非常に高速な探索を行うことができます。

難易度 ★☆☆

7-1 連想配列

連想配列の実装方法のひとつとして、**ハッシュテーブル**と呼ばれるものが挙げられます。ハッシュテーブルは、配列やリスト等のシーケンシャルなデータ構造を拡張したものです。本章では、半角アルファベット文字列をキーとして指定できるハッシュテーブルを独自に実装してみましょう。

7-1-1 ハッシュ関数

ハッシュテーブルは前述のとおり連想配列の実装方法のひとつで、キーに対して**ハッシュ関数**と呼ばれる関数を利用して配列やリストなどのインデックスに対応付けられるようにします。以下の図は、キーとして文字列abcを指定すると、ハッシュ関数で3という値が得られ、それによりデータ列の3番目を参照する様子を表しています。実際に実装すると意味がわかると思いますので、現時点ではキーに対してデータ列のインデックスを取得できるような関数が必要である、という点を押さえてください。

図 7-1

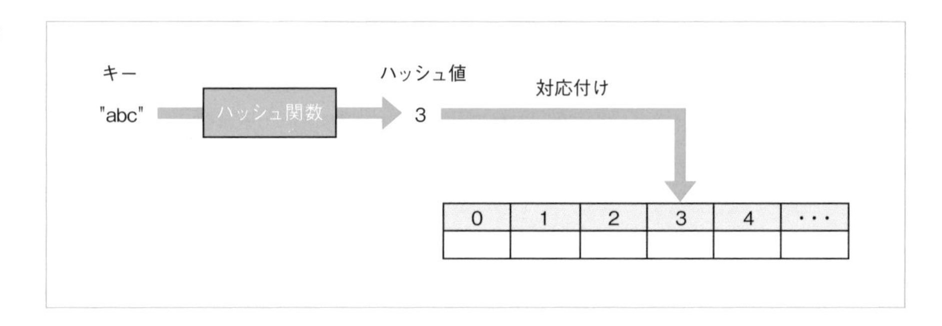

半角アルファベット文字列をキーとして指定できるハッシュテーブルを作るため、半角アルファベット文字列を数値に変換するハッシュ関数を考えます。実際に使われるハッシュ関数は複雑なロジックが使用されているのですが、今回は簡単に各文字がアルファベットの文字セットの何番目か、という数字の合計をハッシュ関数として使用することにします。

stringモジュールのascii_lettersで、abcdefghijklmnopqrstuvwxyzABCDEFGHIJKLMNOPQRSTUVWXYZという文字列が得られるため、これを利用することにしましょう。

例えば、abcという文字列はそれぞれascii_lettersの0番目、1番目、2番目なので、この文字列のハッシュ値は0 + 1 + 2 = 3ということになります。以下のコードはこのハッシュ関数の実装例です。関数my_hash_funcに適当な半角文字列を指定すると、前述のロジックでハッシュ値を返します。

コード7-1

```
from string import ascii_letters


def my_hash_func(text):
    hash_num = 0
    for c in text:
        hash_num += ascii_letters.index(c)
    return hash_num
```

上の関数で"abc"を指定して実行すると、先ほどの解説のとおり3が得られます。

コード7-2

```
hash_val = my_hash_func("abc")
print(hash_val) # 3
```

7-1-2 ハッシュテーブル

では、ハッシュテーブルを実装してみましょう。ハッシュテーブルにはキーと値のペアで格納するため、キーと値を属性として持つNodeというクラスを定義します。

コード7-3

```
class Node:
    def __init__(self, key=None, value=None):
        self.key = key
        self.value = value

    def __str__(self):
        return "{key}:{value}".format(key=self.key, value=self.value)
```

次にlist型を元にハッシュテーブルを実装します。まずは、初期化処理ではデータサイズとデータを保持するlist型を初期化します。サイズは引数などで指定しても良いのですが、今回は100個まで格納できるようにします。

コード7-4

```
class MyHashTable:

    def __init__(self):
        self.size = 100
        self.data = [None] * self.size
```

ここからMyHashTableに対して、以下のメソッドを追加していきましょう。

メソッド	説明
set(key, value)	キーを指定してデータを格納する
get(key)	キーを指定してデータを取り出す
delete(key)	キーを指定してデータを削除する
__str__	文字列表現を返す

setメソッドの実装

まずはデータを設定するsetメソッドです。

コード7-5

```
    def set(self, key, value):
        hash_key = my_hash_func(key) % self.size
        self.data[hash_key] = Node(key, value)
```

先ほど作成したハッシュ関数を使用しています。例えば、ハッシュ値が15だった場合、dataの15番目に格納されることになります。dataにはindexが0～99までしかありませんので、ハッシュ値が100以上になる場合に備えて100の剰余をdataのインデックスとして使用し格納しています。例えば、ハッシュ値が105だった場合、dataの5番目に格納されることになります。なお、この方法の場合、異なる値でも同じインデックスになる場合があるのですが、この点については後述します。

get メソッドの実装

次はデータを取り出すためのgetメソッドを実装します。

コード 7-6

```
    def get(self, key):
        hash_key = my_hash_func(key) % self.size
        return self.data[hash_key]
```

setの場合と同様に、ハッシュ関数でハッシュ値を算出しインデックスとして指定してデータを返しています。データが見つからない場合の処理はいったん省略します。

delete メソッドの実装

データを削除するためのdeleteメソッドを実装します。

コード 7-7

```
    def delete(self, key):
        hash_key = my_hash_func(key) % self.size
        self.data[hash_key] = None
```

setの場合と同様に、ハッシュ関数でハッシュ値を算出しインデックスとして指定してデータをNoneで上書きします。

__str__ の実装

最後にダンプ用に__str__を実装しましょう。listのなかでデータがあるもののみ、インデックスとあわせて表示することにします。

コード7-8

```
    def __str__(self):
        result = ""
        for idx, node in enumerate(self.data):
            if node:
                result += str(idx) + ":" + str(node) + "\n"
        return result
```

以上で完成です。以下のコードは、名前のアルファベットをキーにメールアドレスを格納している例です。

コード7-9

```
my_map = MyHashTable()
my_map.set("tanaka", "tanaka@example.com")
my_map.set("yamada", "yamada@example.com")
print(my_map)

mail = my_map.get("tanaka")
print("mail:", mail)
```

実行すると、以下のようにlist型変数の39番目と42番目にそれぞれデータが格納されていることが確認できます。また、格納したデータを取り出すこともできました。

実行結果

```
39:yamada:yamada@example.com
42:tanaka:tanaka@example.com

mail: tanaka@example.com
```

7-1-3 ハッシュテーブルの特徴

名前をキーにし、独自のハッシュ関数でlist型のインデックスに対応付けして連想配列を実装することができました。実装したとおり、データを取得する際はハッシュ値に基づいて格納場所に直接アクセスできるため、計算量は$O(1)$となります。データ列に順に格納して線形探索する場合と比較すると、格段に効率的なデータ構造であることがわかります。

ただし、setメソッドの実装の解説で少し触れましたが、先ほどの実装には問題があります。名前のアルファベットの順番の番号を合算しただけなので、例えばtanaka、nakataは同じハッシュ値となってしまいます。このようにキーのハッシュ値が重複することを**衝突**、もしくは**コリジョン**と呼びます。

図 7-2

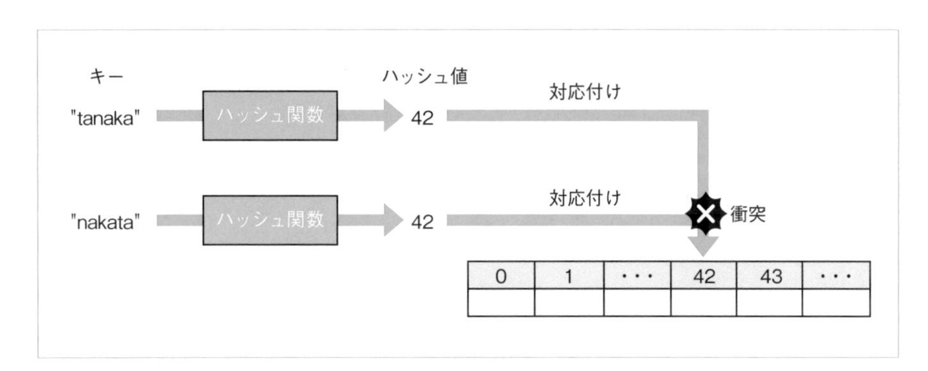

ハッシュテーブルは、データに対してハッシュ関数を使用して格納先の番号を割り当てるため、入力値に対して分布が偏るようなハッシュ関数を使用する場合はよりコリジョンが発生しやすくなります。例えば、本節で解説した例の場合、文字数をハッシュ関数として実装することもできますが、この場合はtanaka、nakata以外にsuzuki、yamada、sasakiなど6文字のものはすべてハッシュ値が同じになってしまいます。このため、コリジョンを防ぐにはなるべく入力値に対して分布が一様になるようなハッシュ関数を使用することが望ましいと言えるでしょう。

また、本書ではlist型を使用しましたが、固定長の配列で実装したりすると、あらかじめ用意した領域に限りがあります。この場合、コリジョンを完全になくすことができないため、発生した場合の処理が必要となります。コリジョンが発生したときの回避方法の代表的なものとして、以下の方法が挙げられます。

- オープンアドレス法
- チェイン法

次節からこのふたつについて順に解説します。

難易度 ★★★

7-2 オープンアドレス法

7-2-1 オープンアドレス法

オープンアドレス法とは、ハッシュ値を計算した際にそのインデックスがすでに埋まっている場合、再度ハッシュ値を計算し別の空きがある場所を探して回り、格納可能なインデックスを見つけ出す方法です。この再度ハッシュ値を計算することをリハッシュと呼びます。実際のリハッシュは、ハッシュ関数を再度実行するといった複雑な処理を行うのですが、本書では簡単に1を加算するだけの処理で実装することにします。

setメソッドの実装

ここからは、前節で作成したMyHashTableクラスを修正して、オープンアドレス法でコリジョンに対応したコードを実装します。まずはsetメソッドを修正してみましょう。

コード7-10

```
class MyHashTable:

    # 省略

    def set(self, key, value):
        hash_key = my_hash_func(key) % self.size
        while hash_key < self.size:
            node = self.data[hash_key]
            if node is None:
                self.data[hash_key] = Node(key, value)
                return
```

```
            # ハッシュ値の再計算
            hash_key += 1

        print("空きが見つかりませんでした")

    # 省略
```

ハッシュ値を計算し、対応する場所が空いている場合はそこに格納します。すでに埋まっている場合、リハッシュとして1を加算し末尾まで空きがあるまで探して回ります。

例えば、nakata、tanaka、kanataの3つのデータを順に追加する場合の動作について考えてみましょう。いずれもハッシュ値は42でコリジョンが発生します。

すでにnakataが格納された状態でtanakaを追加する場合、42の位置はすでにnakataのデータが格納されているためハッシュを再計算し、ひとつとなりの43の位置を確認します。43の位置は空いているためそこに格納します。

図 7-3

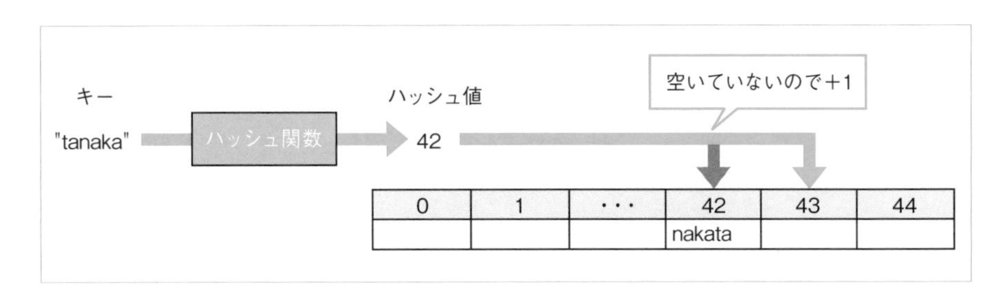

さらにkanataを追加すると、tanakaを追加するときと同様、42の位置はすでにnakataのデータが格納されているためハッシュを再計算し、ひとつとなりの43の位置を確認します。43の位置はtanakaのデータが格納されているため、さらにハッシュを再計算し、ひとつとなりの44の位置を確認します。44の位置は空いているためそこに格納します。

図 7-4

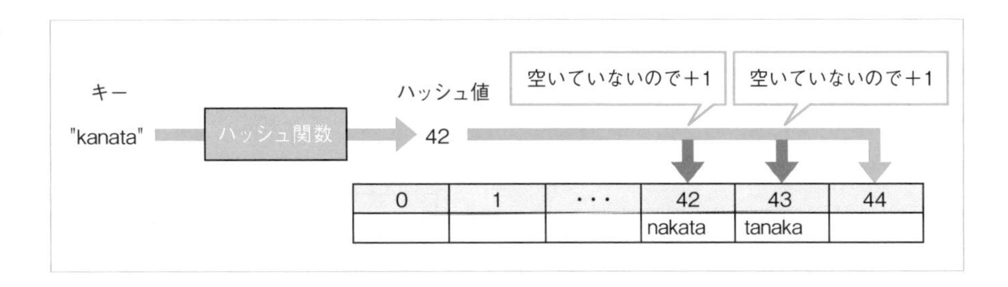

get メソッドの実装

次にgetメソッドを修正してみましょう。

コード 7-11

```
class MyHashTable:

    # 省略

    def get(self, key):
        hash_key = my_hash_func(key) % self.size
        while hash_key < self.size:
            node = self.data[hash_key]
            if node is None:
                print("データが見つかりませんでした")
                return

            elif node.key == key:
                return node.value

            # ハッシュ値の再計算
            hash_key += 1

        print("データが見つかりませんでした")

    # 省略
```

setメソッドの場合と同様、ハッシュ値を計算して指定のキーの値が見つかればそれを返します。すでに他のデータが格納されている場合、リハッシュとして1を加算し末尾まで目的のデータが見つかるまで探して回ります。また、先ほど省略したデータが見つからない場合の処理も追加しました。使われていない場所にたどり着くか、末尾を超えた場合はメッセージを表示して何も返さないようにします。

図 7-5

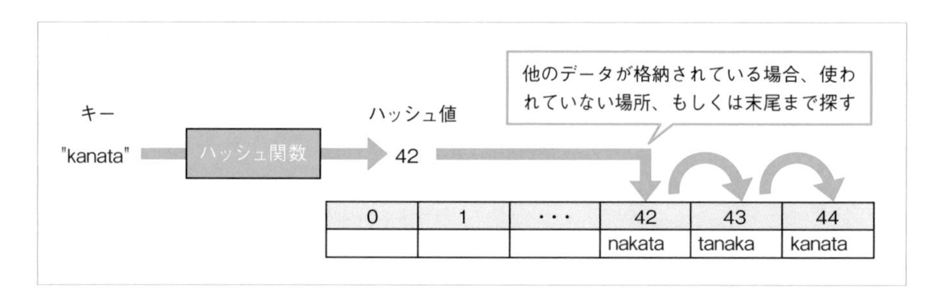

実装して理解できたかと思いますが、コリジョンが多発すると線形探索と同様の処理となるため探索効率が悪化し、最悪計算量は$O(n)$となります。

ではここで、実際にコリジョンが発生する場合の処理で動作を確認してみましょう。

コード 7-12

```
my_map = MyHashTable()
my_map.set("suzuki", "suzuki@example.com")
my_map.set("nakata", "nakata@example.com")
my_map.set("tanaka", "tanaka@example.com")
my_map.set("kanata", "kanata@example.com")

print(my_map)
print(my_map.get("nakata"))
print(my_map.get("tanaka"))
print(my_map.get("kanata"))
```


同じハッシュ値となるnakata、tanaka、kanataの3つをsetしています。実行すると、以下のとおりコリジョンが起きた場合は以降のインデックスに格納されている様子を観察することができます。また、コリジョンを起こしたキーnakata、tanaka、kanataがgetメソッドでそれぞれ取得できることも確認できます。

実行結果

```
1:suzuki:suzuki@example.com
42:nakata:nakata@example.com
43:tanaka:tanaka@example.com
44:kanata:kanata@example.com

nakata@example.com
tanaka@example.com
kanata@example.com
```

7-2-2 データの削除

オープンアドレス法は、deleteメソッドを前節のように単純にNoneで初期化すると次のデータが取得できなくなる場合があります。例えば、ハッシュ値が同じnakata、tanaka、kanataの3つを順に格納したとします。いずれもハッシュ値は

42であるため、以下のインデックスに格納されます。

インデックス	キー
42	nakata
43	tanaka
44	kanata

このとき、ふたつめのtanakaを削除すると、43番目が空きになるので先のgetメソッドの実装ではそこでデータを探す処理を打ち切ってしまい、kanataのデータを取り出すことができなくなります。

図7-6

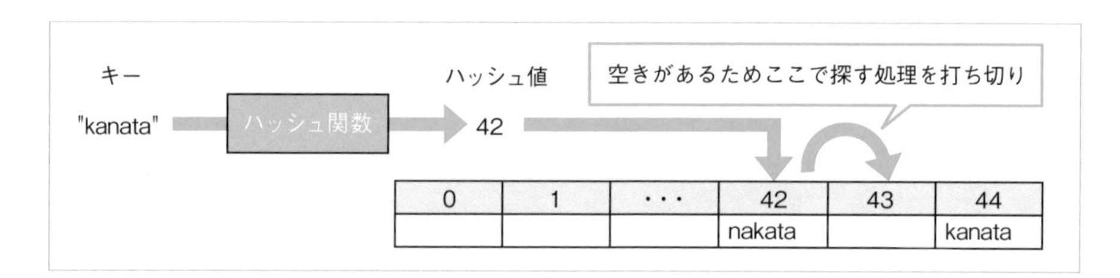

解決案のひとつとして、削除されたことがわかるように特別な値を設定するか、ひとつずつ移動して空いた箇所を詰めるような操作が必要となります。

ここでは簡単に、削除した場合はNoneではなくキーがハイフンのノードを設定して実装することにします。

図7-7

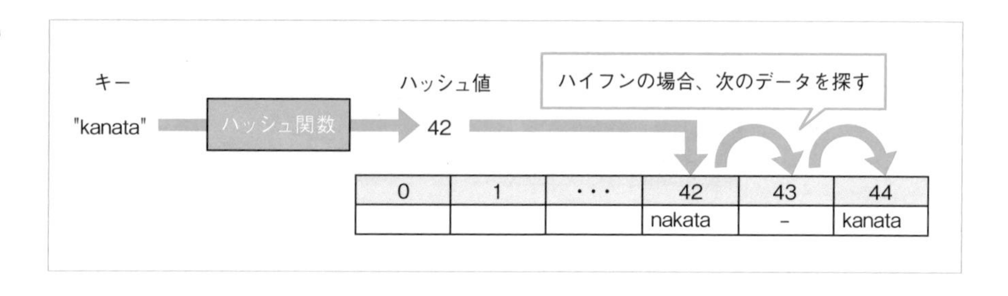

コード7-13

```
class MyHashTable:

    # 省略
```

```
    def delete(self, key):
        hash_key = my_hash_func(key) % self.size
        while hash_key < self.size:
            node = self.data[hash_key]
            if node is None:
                print("データが見つかりませんでした")
                return

            elif node.key == key:
                self.data[hash_key] = Node('-', None)
                return


            # ハッシュ値の再計算
            hash_key += 1

    # 省略
```


getメソッドと同様、データが見つかるまでリハッシュを行い探し続けますが、14行目の削除対象が見つかった場合、Noneではなく特別な値であるキーがハイフンのノードを設定しています。

また、setメソッドは以下のように空きの判定処理を修正する必要があります。

コード7-14

```
class MyHashTable:

    # 省略

    def set(self, key, value):
        hash_key = my_hash_func(key) % self.size
        while hash_key < self.size:
            node = self.data[hash_key]
            if node is None or node.key == '-':
                self.data[hash_key] = Node(key, value)
                return

            # ハッシュ値の再計算
            hash_key += 1

        print("空きが見つかりませんでした")

    # 省略
```

Noneもしくはノードのキーがハイフンの場合は、空きであるとみなすわけです。
以下のコードを実行すると、削除されたノードのキーがハイフンとなり、削除位置の後方のデータの取得、その位置への再格納ができることが確認できます。

コード7-15

```
my_map = MyHashTable()
my_map.set("suzuki", "suzuki@example.com")
my_map.set("nakata", "nakata@example.com")
my_map.set("tanaka", "tanaka@example.com")

print(my_map)
my_map.delete("nakata")
print(my_map)
val = my_map.get("tanaka")
print(val)
my_map.set("kanata", "kanata@example.com")
print(my_map)
```

実行結果

```
1:suzuki:suzuki@example.com
42:nakata:nakata@example.com
43:tanaka:tanaka@example.com

1:suzuki:suzuki@example.com
42:-:None                      ← delete 実行後 - に置き換わっている
43:tanaka:tanaka@example.com

tanaka@example.com             ← 削除した位置の後方も取得可能
1:suzuki:suzuki@example.com
42:kanata:kanata@example.com   ← 削除した位置に再格納格納
43:tanaka:tanaka@example.com
```

難易度 ★★☆

7-3 チェイン法

コリジョンのもうひとつの回避方法として**チェイン法**があります。チェイン法は、第3章で解説した連結リストなどを使用して同じハッシュ値のものを複数格納するデータ構造になります。以下の図は、これから実装するチェイン法でのデータ格納イメージです。インデックスが5でコリジョンが発生していますが、キーや値を格納するデータ領域以外に連結リストと同様にポインタを追加し、連結して複数の値が格納されています。

図 7-8

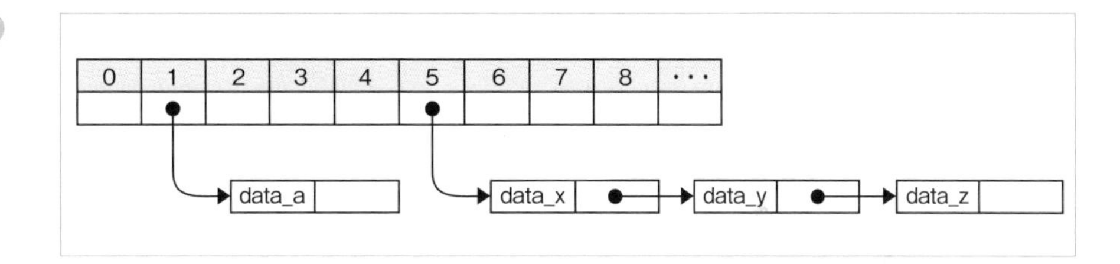

7-3-1 チェイン法の実装

Node の実装

では、最初に実装したハッシュテーブルを修正してチェイン法で実装してみます。まず、Nodeクラスは次のノードを指し示すnextという変数を追加します。

コード7-16

```
class Node:
    def __init__(self, key=None, value=None):
        self.key = key
        self.value = value
        self.next = None

    def __str__(self):
        if self.next:
            return str(self.value) + " - " + str(self.next)
        else:
            return str(self.value)
```

ダンプのための__str__を実装しています。ノードのnextをたどって-区切りで表示するようにしますが､これは少し面白い処理になっています。strでノードの文字列表現を取得すると__str__が実行されますが、24行目のstr(self.next)により再帰的に__str__が実行されます。このため、while文等のループ処理を実装せずに末尾までデータを表示することができます。

動かして試してみましょう。以下のコードは、3つのデータ、data1、data2、data3を連結させています。

コード7-17

```
node1 = Node("key1", "data1")
node2 = Node("key2", "data2")
node3 = Node("key3", "data3")
node1.next = node2
node2.next = node3
print(node1)
```

実行すると、以下のように各ノードが連結し、チェインの末尾まで表示することができます。

実行結果

```
data1 - data2 - data3
```

set メソッドの実装

ではまずsetメソッドを修正してみましょう。

コード 7-18

```
class MyHashTable:

    # 省略

    def set(self, key, value):
        hash_key = my_hash_func(key) % self.size
        node = self.data[hash_key]

        # データがない場合はそこに設定
        if not node:
            self.data[hash_key] = Node(key, value)
            return

        # 終端までたどる
        while node.next:
            node = node.next

        # 終端のnextに設定
        node.next = Node(key, value)

    # 省略
```

ハッシュ値を計算して、何もなければそこに新たにノードを設定します。すでにノードが設定されている場合、終端までnextをたどり新たにノードを追加します。

図 7-9

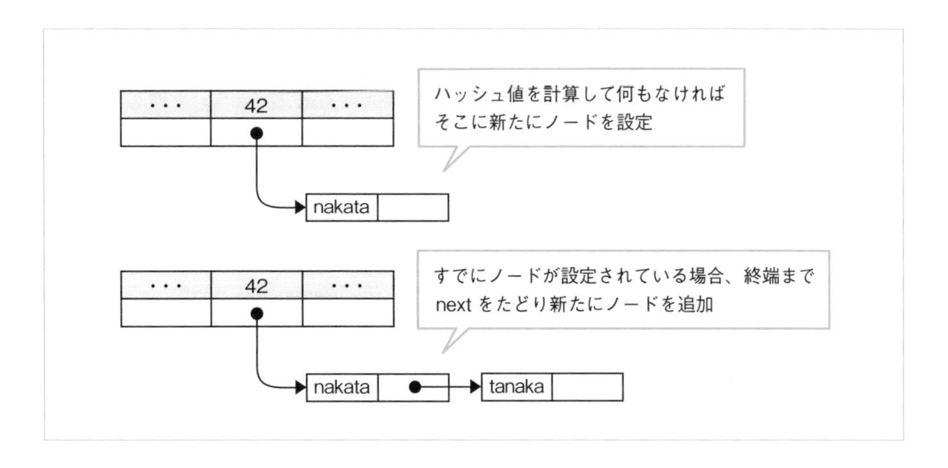

getメソッドの実装

次にgetメソッドの修正です。

コード7-19

```
class MyHashTable:

    # 省略

    def get(self, key):
        hash_key = my_hash_func(key) % self.size
        node = self.data[hash_key]
        if node is None:
            print("データが見つかりませんでした")
            return

        # キーが一致するまでたどる
        while node.key != key:
            node = node.next
            if node is None:
                print("データが見つかりませんでした")
                return

        return node.value

    # 省略
```

setメソッドの場合と同様、ハッシュ値を計算してノードを取得します。ノードがNoneの場合は、データが見つからないということでさっさとreturnします。一方、ノードがある場合はキーが見つかればそれを返し、すでに他のデータが格納されている場合はひとつずつnextをたどりキーが一致するかどうかを判定します。

では、オープンアドレス法と同様、コリジョンが発生する場合の処理で動作を確認してみましょう。

コード7-20

```
my_map = MyHashTable()
my_map.set("suzuki", "suzuki@example.com")
my_map.set("nakata", "nakata@example.com")
my_map.set("tanaka", "tanaka@example.com")
my_map.set("kanata", "kanata@example.com")
```

```
print(my_map)
print(my_map.get("nakata"))
print(my_map.get("tanaka"))
print(my_map.get("kanata"))
```

コリジョンが起きた場合、鎖のようにデータがそれぞれのインデックスに格納されている様子を観察することができます。

実行結果

```
1:suzuki@example.com
42:nakata@example.com - tanaka@example.com - kanata@example.com

nakata@example.com
tanaka@example.com
kanata@example.com
```


また、コリジョンを起こした3つのキーnakata、tanaka、kanataがそれぞれ取得できることが確認できました。オープンアドレス法と同様に、コリジョンが多く起きるとやはりこちらも線形探索と同じようにパフォーマンスが低下し、最悪計算量は$O(n)$となります。

7-3-2 データの削除

チェイン法の場合、第3章で解説した連結リストの削除のようにデータを付け替えることで削除することができます。

コード7-21

```
class MyHashTable:

    # 省略

    def delete(self, key):
        hash_key = my_hash_func(key) % self.size
        node = self.data[hash_key]
        if node is None:
            print("データが見つかりませんでした")
            return
```

```
        # ひとつ手前のノードを保持する
        pre_node = None

        # キーが一致するまでたどる
        while node.key != key:
            pre_node = node
            node = node.next
            if node is None:
                print("データが見つかりませんでした")
                return

        # ひとつ手前のノードと次のノードを連結する
        pre_node.next = node.next

    # 省略
```

getメソッドとほぼ同様にリンクをたどり、当該ノードが見つかった場合、前後のノードのnextを付け替えることで論理的に削除されます。

図 7-10

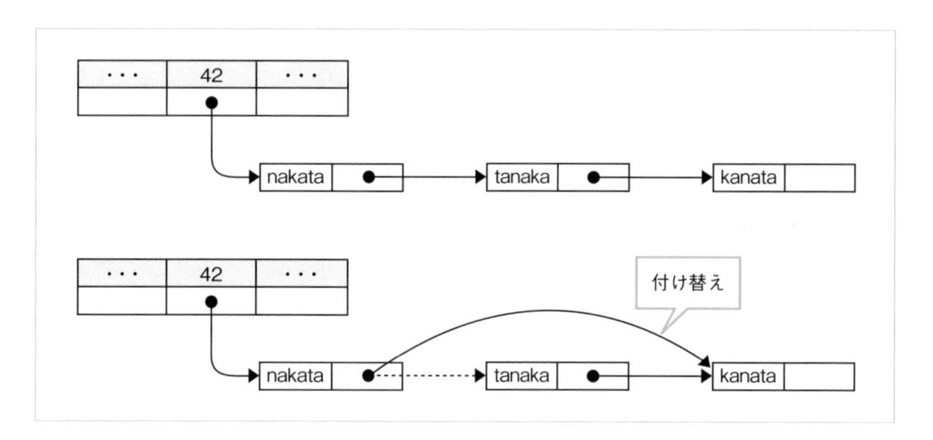

実際、以下のコードを実行すると削除されていることが確認できます。

コード 7-22

```
my_map = MyHashTable()
my_map.set("suzuki", "suzuki@example.com")
my_map.set("nakata", "nakata@example.com")
my_map.set("tanaka", "tanaka@example.com")
my_map.set("kanata", "kanata@example.com")
```

```
print(my_map)
my_map.delete("tanaka")
print(my_map)
print(my_map.get("kanata"))
```

実行結果

```
1:suzuki@example.com
42:nakata@example.com - tanaka@example.com - kanata@example.com

1:suzuki@example.com
42:nakata@example.com - kanata@example.com
kanata@example.com
```

delete 実行後、tanaka@example.com がなくなっている

kanata の値が取り出せた

補足 オープンアドレス法とチェイン法の比較

ここまで、ハッシュテーブルのコリジョンの対策として、オープンアドレス法とチェイン法を解説してきました。本書で紹介した実装は初歩的なもので、実際はオープンアドレス法、チェイン法ともにさまざまな改良や実装方法が考案されています。このため、一概に両者の性能を比較することが難しいのですが、配列のような固定長のデータ列をあらかじめ用意して実装する場合、基本的な性能の違いとして次の点が挙げられます。

まず、チェイン法はオープンアドレス法と比較すると、連結リストのようにその領域を超えて格納することが容易です。また、オープンアドレス法はあらかじめ用意した領域が埋まっていくにつれ、空きが減るためコリジョンが発生する確率が上昇してしまいます。

一方、チェイン法は、オープンアドレス法と比較して、あらかじめ用意した領域を効率的に使用できない場合があります。極端な例ですが、例えば、すべてのハッシュ値が0となり一致してしまった場合、下図のように0番目の領域以外は使用されないことになります。

図 7-11

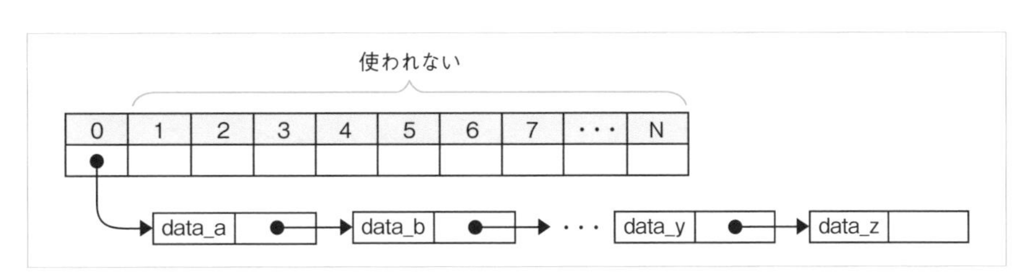

Pythonの連想配列

Pythonでは、連想配列として御存知のとおりdict型が提供されています。これはオープンアドレス法を使用したハッシュテーブルで実装されています。基本的な文法の内容となりますが、データの格納、取得、削除処理はそれぞれ以下のように実行します。

コード 7-23

```
my_dict = dict()

# キーを指定してデータを格納する
my_dict["tanaka"] = "tanaka@example.com"
print(my_dict)

# キーを指定してデータを取り出す
mail = my_dict["tanaka"]
print(mail)


# キーを指定してデータを削除する
del my_dict["tanaka"]
print(my_dict)
```

実行結果

```
{'tanaka': 'tanaka@example.com'}
tanaka@example.com
{}
```

章末問題

Q1 以下のPythonコードは半角アルファベットの文字列に対し、それらの順番を合計した値を返すハッシュ関数である。

コード 7-24

```
from string import ascii_letters


def my_hash_func(text):
    hash_num = 0
    for c in text:
        hash_num += ascii_letters.index(c)
    return hash_num
```

引数に文字列"cde"を指定した場合と同じ値が得られる文字列は、次のうちどれか。ただし、stringモジュールのascii_lettersの値は、abcdefghijklmnopqrstuvwxyzABCDEFGHIJKLMNOPQRSTUVWXYZとする。

ア： "CDE"
イ： "abc"
ウ： "edc"
エ： "VWX"

Q2 ハッシュテーブルで異なる複数の値が同じハッシュ値となる場合のことを、なんというか。

ア： オープンアドレス
イ： コリジョン
ウ： チェイン
エ： 線形探索

Q3 ハッシュテーブルを使用してデータを探索する場合の平均的な計算量は、次のうちどれか。ただし、コリジョンは発生しないものとする。

ア： $O(1)$
イ： $O(\log n)$
ウ： $O(n)$
エ： $O(n^2)$

第 8 章

文字列検索

多くの方は、テキストエディタやワードプロセッサーを使用する際、テキストのなかから特定の文字列を検索したことがあるかと思います。本章では、こういったテキストのなかから特定の文字列パターンを検索するアルゴリズムについて解説します。なお、本章では検索で走査される対象の文字列のことを**テキスト**、見つけたい特定の文字列を**パターン**と呼ぶことにします。

難易度 ★☆☆

8-1 文字列の一致

まずは学習の準備として、文字列が同じかどうかを判定するアルゴリズムについて考えてみましょう。Pythonの文字列型には比較演算子が使用できるため、以下のように実装する方法があります。

```
def is_match(text1, text2):
    return text1==text2
```

次に準備として、比較演算子を使わずに1文字ずつ一致を検査する方法についても考えてみましょう。以下のコードは、比較演算子を使用せずに文字列が同じかどうかを判定するコードです。

コード8-1

```
def is_match(text1, text2):
    # 文字列の長さが異なる場合はFalse
    if len(text1) != len(text2):
        return False

    # 1文字ずつ検査を行い、異なっている場合はFalseを返す
    idx = 0
    while idx < len(text1):
        if text1[idx] != text2[idx]:
            return False
        idx += 1

    return True


result = is_match("abcd", "abcd")
print(result)
```

実行結果

```
True
```

is_match関数は、引数で指定したふたつの文字列の一致を確認し、一致している場合はTrueを、一致していない場合はFalseを返します。最初に文字列の長さが同じかどうかを確認し、長さが異なる場合は異なる文字列であるためFalseを返します。また、文字列の長さが同じ場合は、idxで0から文字列の終端までひとつずつ同じかどうかを確認し、異なるものが見つかればFalseを、最後まで同じであればTrueを返すようになっています。以降、こういった文字や文字列が一致するかどうかを検査する処理のことを**照合**、照合した結果一致することを**マッチ**と呼ぶことにします。

下図は、4文字の一致したテキストを比較した際の動作イメージです。

図 8-1

ところで、先ほどのコードではfor文でひとつずつ照合すれば良いのですが、あえてwhile文を使用しています。このコードは、後ほど解説するボイヤー-ムーア法と呼ばれるアルゴリズムの学習準備として、このような書き方を紹介しました。

難易度 ★★★

8-2 力任せ法

8-2-1 力任せ法

では、ここから文字列検索アルゴリズムについて考えていきましょう。もっとも単純な文字列検索アルゴリズムとして、テキストの先頭からパターンと比較し、異なっていればひとつずらしてまた比較する、というのを繰り返すという方法があります。この方法は、**力任せ法**や**ナイーブな検索**と呼ばれることがあります。本書では力任せ法と記述します。

例えば、"abaabcdcab" というテキストのなかから "abcd" というパターンを探す場合、以下のように4回パターンをずらして照合を行い発見することができます。

図 8-2

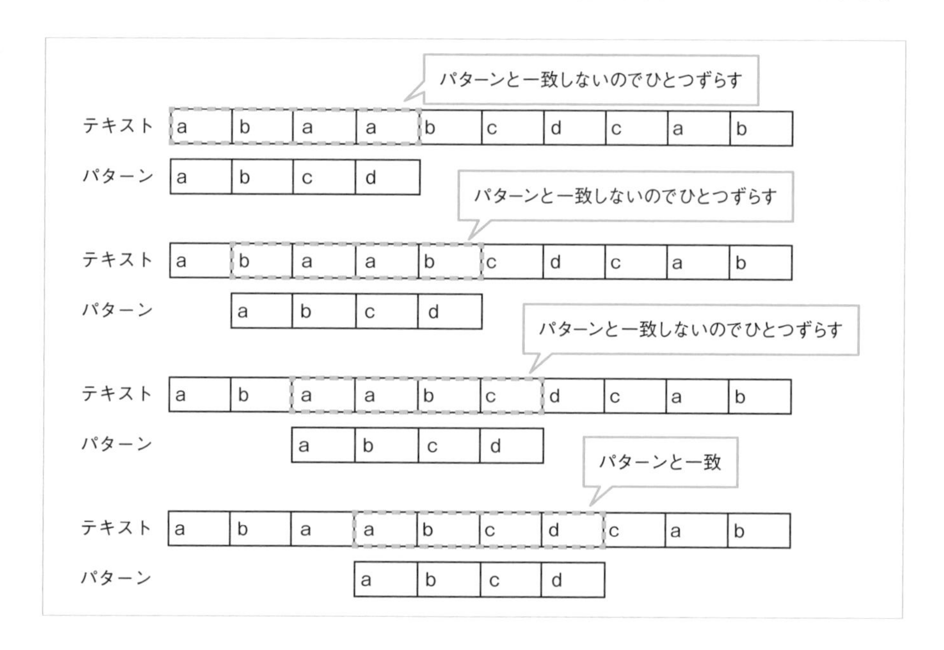

以下は、力任せ法で文字列を検索するPythonコードです。

コード8-2

```
def my_naive_search_text(text, pattern):
    """ 力任せ法による文字列検索 """

    # パターンとの照合回数を記録
    cnt = 0

    # パターン末尾のインデックス
    p_end_idx = len(pattern) - 1

    # テキスト側の照合開始位置を表すインデックス
    t_start_idx = 0
    while t_start_idx < len(text):

        # パターンとの照合回数をインクリメント
        cnt += 1

        # テキスト側の照合中の位置を表すインデックス
        t_idx = t_start_idx

        # パターン側の照合中の位置を表すインデックス
        p_idx = 0
        while t_idx < len(text) and text[t_idx] == pattern[p_idx]:

            if p_idx == p_end_idx:
                # パターン末尾まで一致していた場合、一致部分の先頭位置を返す
                print(cnt, "回パターンと照合しました")
                return t_start_idx

            # 照合位置を右側にひとつずつ移動
            t_idx += 1
            p_idx += 1

        # テキスト側の照合開始位置をひとつ移動
        t_start_idx += 1

    # 見つからない場合は-1を返す
    print(cnt, "回パターンと照合しました")
    return -1


def main():
    text = "Simple is better than complex."
```

```
    pattern = "tha"
    idx = my_naive_search_text(text, pattern)
    print(idx)


main()
```

my_naive_search_text関数は引数で指定したテキストを検索し、パターンとマッチする最初のインデックスを返します。処理の本筋とは関係ないのですが、次節で解説するアルゴリズムと比較するためにパターンとの照合回数を変数cntに格納することにします。

文字列の検索処理ですが、テキスト側の照合位置をひとつずつずらし、パターンと照合を行います。12行目のwhile文の終了条件はこのテキスト側の照合位置が終端になるまで繰り返すことを表しています。

また、22行目のwhile文は、照合開始位置から1文字ずつ一致を確認しています。p_idx、t_start_idx、t_idxとインデックスを表す変数が3つ登場して複雑ですが、次ページの位置関係のとおり、p_idxはパターン先頭から、t_idxはテキスト側の照合開始位置から連動して動かして同じ文字かどうか確認し、一致しない文字が出現したら照合開始位置をひとつずらして同様の処理を繰り返します。

実行すると文字の照合回数と、以下のようにマッチしたインデックスが表示されます。

実行結果

```
18 回パターンと照合しました
17
```

力任せ法の計算量は、テキストの文字数をn、パターンの文字数をmとした場合、$O(mn)$となります。Oのなかにm、nふたつの文字がありますが、これはデータ量が多くなると処理時間が$m \times n$に比例すると考えてください。

図 8-3

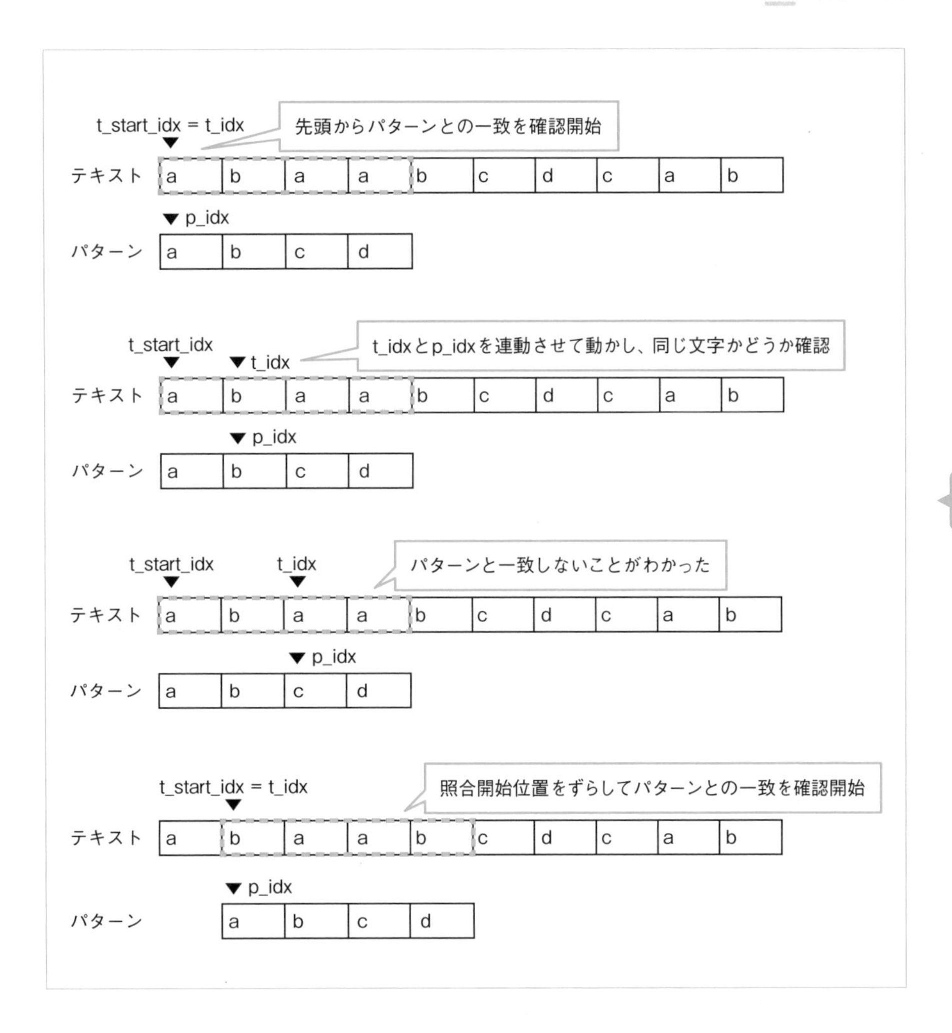
t_start_idx = t_idx
先頭からパターンとの一致を確認開始
テキスト
a
b
a
a
b
c
d
c
a
b
p_idx
パターン
a
b
c
d
t_start_idx
t_idx
t_idxとp_idxを連動させて動かし、同じ文字かどうか確認
パターンと一致しないことがわかった
照合開始位置をずらしてパターンとの一致を確認開始

難易度 ★★★

8-3 ボイヤー - ムーア法

8-3-1 ボイヤー - ムーア法

前節で紹介した力任せ法は、パターンがマッチするまでひとつずつずらしていきましたが、実はたいていの場合は一致しなかった文字によりずらす位置をスキップすることができます。このことを活用したのが、これから紹介する**ボイヤー - ムーア法**と呼ばれる文字列検索アルゴリズムです。ボイヤー - ムーア法の特徴は、「テキストの部分文字列とパターンを照合する際後ろから調べる」「照合する位置をずらす数をあらかじめ計算しておく」という2点となります。ただし、本書で紹介するアルゴリズムはいくつかの規則を省略した簡略版となります。

8-3-2 全体的な処理フロー

スキップテーブルの構築

実装の前に具体的な例を交えて解説を進めます。あるテキストのなかからabcdという4文字のパターンを検索する場合について、考えてみます。テキスト中のある部分文字列と照合し、パターンとマッチすれば検索成功となるわけですが、ボイヤー - ムーア法ではこの照合処理をパターンの後方から行います。また、一致しなかった場合、力任せ法の場合は照合開始位置をひとつだけずらしましたが、ボイヤー - ムーア法では後述する規則により次の照合開始位置をずらします。

図 8-4

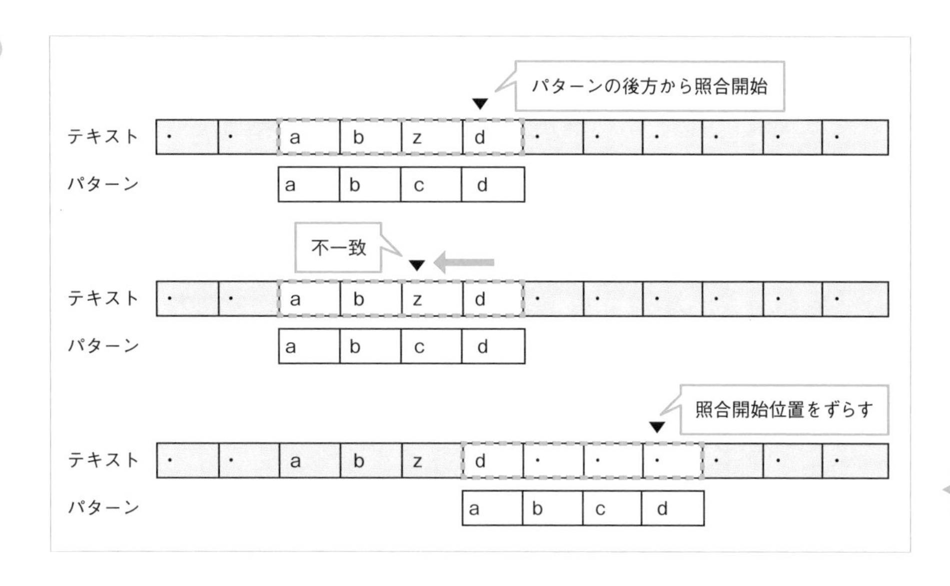

まず、照合する部分文字列の右端がzだったとします。zはパターンのなかには1文字も含まれていない文字であるため、さらに1～3文字ずらしても一致することはありえません。このため、照合した文字がパターン中に含まれていない（つまりabcd以外の）文字の場合は、照合を開始する位置を4文字分先にずらすことができます。以降、この照合を開始する位置をずらす数のことを本章では**スキップ数**と呼ぶことにします。

図 8-5

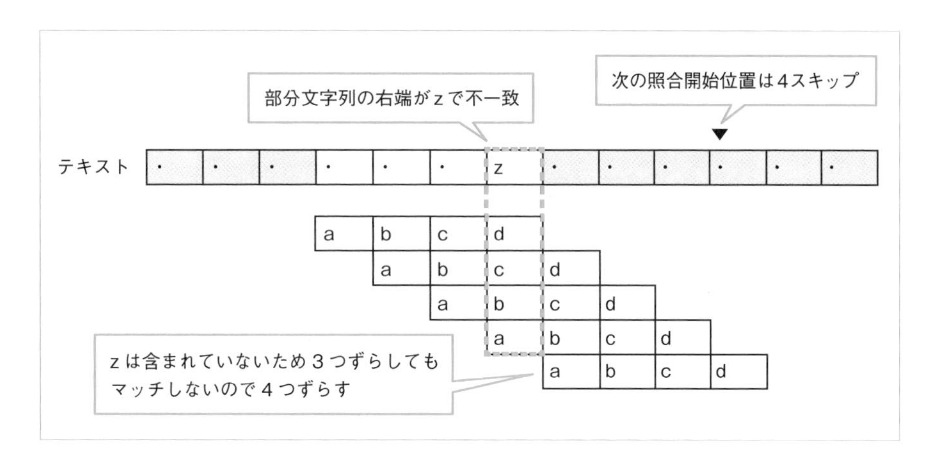

次に、照合する文字列の右端がbだった場合について考えてみましょう。dのひとつとなりはcなのでマッチしませんが、ふたつずらすとマッチする可能性があります。この場合のスキップ数は2となります。

図 8-6

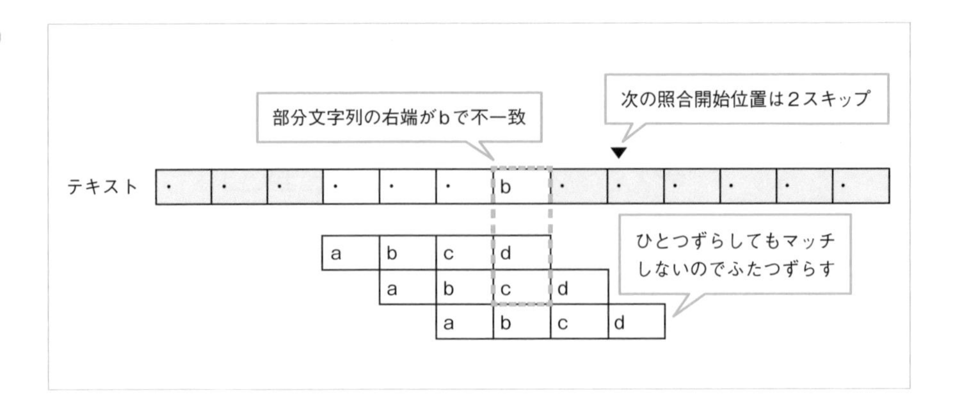

つまり、照合した文字がパターン中に含まれている文字の場合は、パターンの後ろから数えた位置分スキップすることができます。このようにして、一致しなかった場合はテキスト側の文字が何だったのか？によりスキップ数をあらかじめ定めることができ、それをまとめたのが以下の表となります。ところで、dは本来0になるはずですが、下表では4になっています。この理由については後述します。

a	b	c	d	それ以外
3	2	1	4	4

以降、この表データを本章では**スキップテーブル**と呼ぶことにします。一般的にスキップテーブルの値は、以下の3とおりに場合分けすることができます。ただし、パターンの長さをN、パターンに含まれる文字のパターン中のインデックスをiとします。

- パターンの文字かつ末尾以外 …… $N-i-1$
- パターンの末尾 …………………… N
- パターン以外の文字 ……………… N

なお、パターンのなかに同じ文字があった場合、例えば「abad」のようにaがふたつあった場合、先ほどの考えに従うとまずは次ページのようなスキップテーブルになりますが、aがふたつあります。

a	b	a	d	それ以外
3	2	1	4	4

この場合、スキップ数が小さいほうを採用し、スキップテーブルは以下のようになります。

b	a	d	それ以外
2	1	4	4

末尾以外がマッチしない場合

先ほどは、照合する部分文字列の末尾がマッチしない場合に、スキップする場合について考えました。次に、末尾はマッチして、それ以外でマッチしない場合について考えてみましょう。

例えば、照合するテキストの部分文字列の右端がdで一致し、その次がzで不一致だったとします。zはパターンのなかには1文字も含まれていない文字であるため、そこから1～2文字ずらしても一致することはありえません。このため、スキップテーブルの値－照合で移動した数、つまり4－1＝3文字までパターンをずらすことができます。

図 8-7

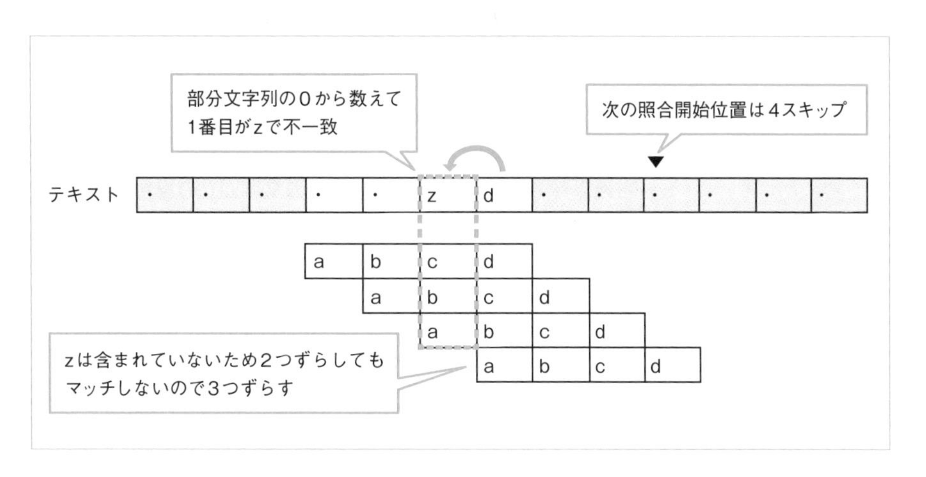

一方、照合していた位置は照合開始位置から1文字分左に移動していたため、次の照合開始位置は3＋1で4スキップします。より一般的に、照合するテキストの

部分文字列の右から0始まりで数えてp番目で不一致となり、その文字に対応するスキップテーブルの値をxとすると、スキップ数は$x-p+p=x$となり、基本的にはスキップテーブルの値をそのまま使用することができます。

ただし、単純にスキップテーブルの値を採用すると、照合する位置を右から左に動かす関係上、スキップ後の位置が比較を開始した位置より左側になってしまう場合があります。例えば、テキスト側の文字列が"cbcd"だった場合、左端のcで不一致になりますが、この場合のスキップテーブルの値は1となり巻き戻ってしまいます。この場合は、**パターンの長さ－照合中のパターン側のインデックス**をスキップ数とすることで、照合開始位置の右隣を次の照合開始位置とすることができます。

図8-8

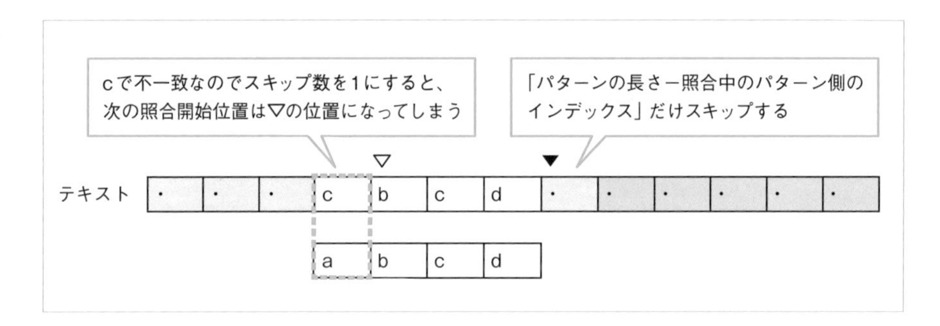

このため、スキップテーブルの値と**パターンの長さ－照合中のパターン側のインデックス**のうち、大きいほうをスキップ数とすれば良いということになります。

ではここで、先ほどのスキップテーブルでdのスキップ数を4としていた件について解説します。テキスト側で一致しなかった文字がパターン末尾の文字と同じ場合は特別で、スキップ数は以下のとおり場合分けが必要となります。

- 右端で一致せず、テキスト側の文字がdの場合 ………… 0
- 右端以外で一致せず、テキスト側の文字がdの場合 …… 4

末尾以外がdで不一致の場合、それより右側には含まれていないためパターンに含まれない文字と同様に4つスキップすることができます。また、右端がdで不一致となることは原理的に起こり得ません。このため、場合分けの下側のみで良く、スキップテーブルでdの値が4になったというわけです。

8-3-3 ボイヤー - ムーア法による文字列検索の実装

では、ここからボイヤー-ムーア法による文字列検索を、Pythonで実装してみましょう。

スキップテーブルの構築

まず、スキップテーブルの構築処理を実装してみましょう。再掲となりますが、スキップテーブルの値は以下の3とおりに場合分けすることができます。ただし、パターンの長さをN、パターンに含まれる文字のパターン中のインデックスをiとします。

- パターンの文字かつ末尾以外 …… $N-i-1$
- パターンの末尾 …………………… N
- パターン以外の文字 ……………… N

以下のコードは、指定されたパターンに対するスキップテーブルの構築例です。今回スキップテーブルは文字をキー、スキップ数を値とするdict型を使用することにします。

コード8-3

```
def build_skip_table(pattern):
    skip_table = dict()
    pattern_length = len(pattern)
    for idx, char in enumerate(pattern[:-1]):
        skip_table[char] = pattern_length - idx - 1

    return skip_table
```

同じ文字があった場合は上書きされて小さい値が採用されます。また、パターン末尾の文字は「それ以外」と同じになるため、テーブルからは除外しています。次ページのコードは動作確認例です。

コード8-4

```
st1 = build_skip_table("abcd")
print(st1)
st2 = build_skip_table("abad")
print(st2)
```

実行結果

```
{'a': 3, 'b': 2, 'c': 1}
{'a': 1, 'b': 2}
```

格納された順序が先ほどの解説と異なってはいますが、スキップテーブルが構築され解説のとおりのデータになっていることが確認できます。

文字列検索処理の実装

あとは、前節で実装した力任せ法のコードを書き換えます。前節ではひとつずつ照合位置をずらしていましたが、今回は照合をパターンの後方から行い、一致しなかった位置とスキップテーブルに基づきスキップ数を計算してずらします。

コード8-5

```
def my_bm_search_text(text, pattern):

    # パターンとの照合回数を記録
    cnt = 0

    # スキップテーブルの構築
    skip_table = build_skip_table(pattern)

    # パターンの長さ
    pattern_length = len(pattern)

    # パターン末尾のインデックス
    p_end_idx = len(pattern) - 1

    # テキスト側の照合位置のインデックス
    t_idx = len(pattern) - 1

    # 照合処理
    while t_idx < len(text):
```

```
        # パターンとの照合回数をインクリメント
        cnt += 1

        # パターン側の照合位置のインデックス(末尾からデクリメントする)
        p_idx = p_end_idx
        while text[t_idx] == pattern[p_idx]:

            if p_idx == 0:
                # パターンの末尾から1文字ずつ照合を行い
                # 先頭まで同じ場合は一致したと判定
                print(cnt, "回パターンと照合しました")
                return t_idx

            # 照合する位置を左側にひとつずつ移動
            t_idx -= 1
            p_idx -= 1

        # テキスト側の照合するインデックスをスキップテーブルの値に基づいて取得
        # ただし、スキップ後に位置が照合開始位置より左側になる場合は
        # pattern_length - p_idxをスキップ数とする
        skip_num = max(skip_table.get(text[t_idx], pattern_length),
                pattern_length - p_idx)

        # スキップ数分照合位置をスキップする
        t_idx += skip_num

    # 見つからない場合は-1を返す
    print(cnt, "回パターンと照合しました")
    return -1
```

my_bm_search_text関数は、引数で指定されたテキストに指定されたパターンがあれば、そのインデックスを返します。力任せ法と比較するために、パターンとの照合回数を変数cntに格納することにします。

while文でテキストとパターンの照合を繰り返し、照合した結果、一致しない場合はスキップ数を求めて照合する位置をスキップします。39行目でスキップ数を求めていますが、少し複雑なので分解して解説します。

まずskip_table.get(text[t_idx], pattern_length)でdict型のスキップ数を取得しており、値が取れない場合はパターンの長さであるpattern_lengthを設定しています。また、pattern_length - p_idxは、その時点での照合を開始した位置のひとつ右側のインデックスとなります。max関数を使用して、この2数の大きいほうの値をスキップ数としていますが、これは前述のとおり照合する位置を

右から左に動かす関係上、スキップ後に比較を開始した位置より左側になってしまう場合があるためです。

以下は、この検索関数を使用して文字列を検索した例です。

コード8-6

```
def main():
    text = "Simple is better than complex."
    pattern = "tha"
    idx = my_bm_search_text(text, pattern)
    print(idx)

main()
```

実行結果

```
7 回パターンと照合しました
17
```

短い文字列ではありますが、力任せ法と比較して照合回数が減っていることも確認することができます。

補足 不一致文字規則のパフォーマンス

冒頭で述べたとおり、本書で紹介したアルゴリズムはボイヤー-ムーア法の簡易版で、不一致した場合に適切にスキップする**不一致文字規則**と呼ばれる規則のみを適用していますが、その他「一致サフィックス規則」、「ガリル規則」と呼ばれる規則があります。詳細は割愛しますが、これらの規則を適用することでパフォーマンスを改善することができます。

一般的な計算量について、スキップテーブルのデータ構造、適用規則、不一致文字の有無といったいくつかの前提条件で計算量が異なるため割愛しますが、次ページのコードのようにランダムな文字数で複数回呼び出し計測すると不一致文字規則だけでもパフォーマンスが向上していることが認められます。

コード 8-7

```
import time
import random
import string

def build_skip_table(pattern):
    ⋮
    (中略)
    ⋮

def my_bm_search_text(text, pattern):
    ⋮
    (中略)
    ⋮


def main():
    start_time = time.perf_counter()
    for _ in range(1000):
        text = ''.join(random.choices(string.ascii_letters, k=10000))
        pattern = "abc"
        my_bm_search_text(text, pattern)
    end_time = time.perf_counter()
    elapsed_time = end_time - start_time
    print(elapsed_time)

main()
```

上のコードは、ランダムな10000文字のASCII文字列のなかから文字列"abc"の検索を1000回行い、my_bm_search_text関数の処理時間を計測しています。力任せ法を計測する場合は別途、前節で実装したmy_naive_search_text関数のスクリプトに上のmain関数の21行目を修正したものを追記する等して、実行してみてください。参考までに掲載しますが、著者が使用している環境では以下の結果となりました。

関数	結果（秒）
my_naive_search_text	2.23
my_bm_search_text	1.74

Pythonの文字列検索

Pythonには、str型変数の内部を探索するためにlist型と同様、含まれているかどうかをin演算子で、いくつ含まれているかをcountメソッド、どこに含まれているかをindexメソッドで調べることができますが、それ以外にfindメソッドというものもあります。

以下のコードでは、特定の文字列がどこにあるのかを`find`メソッドを使用して調べています。

コード8-8

```
my_text = "Simple is better than complex."

index = my_text.find("complex")
print(index)
```

実行すると、指定したパターンが`0`から数えて22番目から始まることが確認できます。

実行結果

```
22
```

なお、indexメソッドとは異なり、findメソッドは含まれていない場合は例外ではなく-1が返されます。

章末問題

Q1 以下は、ふたつの文字列が一致するかどうかをwhile文を使用して判定するPythonコードである。空欄①、②に入れる正しい答えの組はどれか。

コード 8-9

```
def is_match(text1, text2):
    # 文字列の長さが異なる場合はFalse
    if len(text1) != len(text2):
        return False

    # 1文字ずつ検査を行い、異なっている場合はFalseを返す
    idx = 0
    while【 ① 】:
        if【 ② 】:
            return False
        idx += 1

    return True
```

ア： idx > len(text1)、text1[idx] != text2[idx]
イ： idx < len(text1)、text1[idx] == text2[idx]
ウ： idx != len(text1)、text1[idx] == text2[idx]
エ： idx < len(text1)、text1[idx] != text2[idx]

Q2 力任せ法で文字列を検索する場合の平均的な計算量は、次のうちどれか。ただし、テキストの文字数をn、パターンの文字数をmとする。

ア： $O(1)$
イ： $O(m \log n)$
ウ： $O(n^2)$
エ： $O(mn)$

Q3 ボイヤー-ムーア法について述べたものは次のうちどれか。

ア： 探索アルゴリズムの一種で、ハッシュを計算して目的のデータを探し出す

イ： 文字列検索のアルゴリズムの一種で、1文字ずつずらしながらパターンとの一致を照合する

ウ： 文字列検索のアルゴリズムの一種で、照合位置をずらす数をあらかじめ計算しておく

エ： 探索アルゴリズムの一種で、中央値と検索データとの大小関係を比較する

第 9 章

木構造

あらかじめ特定の条件が整えられていると、探索のようなアルゴリズムをより効率的に行うことができます。例えば、あらかじめ整列されていると線形探索より効率的な二分探索が可能でした。また、連想配列はさらに高速に探索をすることができました。探索以外にもソート等、特定の処理を効率よく行うためさまざまなデータ構造がこれまで考案されてきました。そういった特定の処理を効率よく行うためのデータ構造のひとつに、木構造と呼ばれるものがあります。本章では木構造について解説します。

難易度 ★★★

9-1 木構造

9-1-1 木構造

木構造とは下図のように、ルートと呼ばれる起点から各データへのリンクで構成されたデータ構造を指します。単に木と呼ぶこともあります。

図 9-1

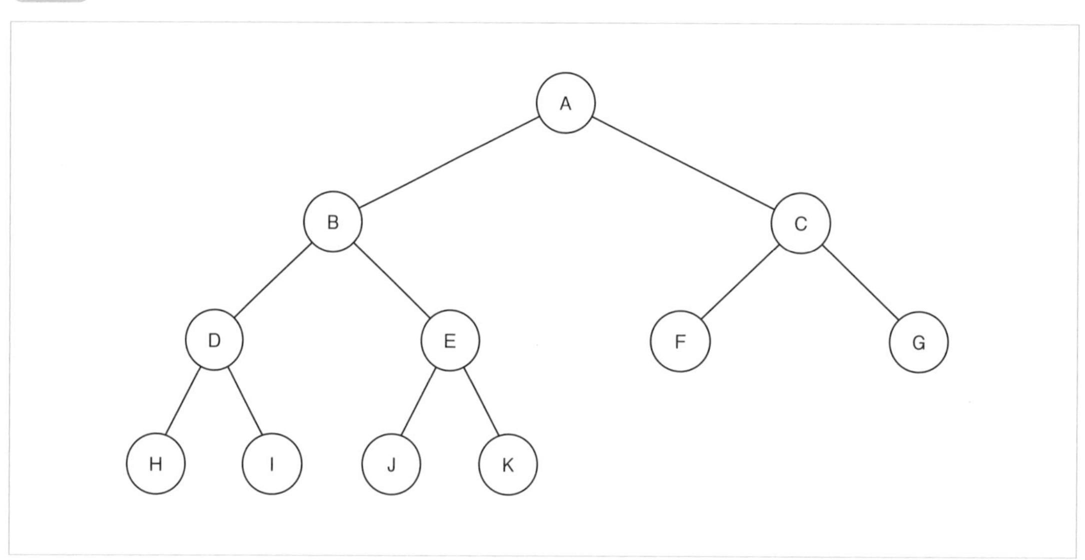

木構造を構成するものは、それぞれ次のように用語が定められています。

■ ノード

木構造には、データを格納する**ノード**と呼ばれる要素があります。前ページの図の各円形のマークがノードに該当します。ノードには、格納するデータの値以外に、名前や検索用のキーといった情報が付加される場合があります。値や名前、キーを表現するための決まった書き方は特にないのですが、丸や四角といった図形の内側やそばにそれらが記述されることが多く、本書もそれらにならうことにします。前ページの図の円内部の文字は、説明用のノードの名前だと考えてください。

■ ルート

ノードには、**ルート**もしくは**ルートノード**と呼ばれる起点となるノードがあり、そこから各ノードが**エッジ**と呼ばれるリンクで結ばれます。前ページの図ではノードAがルートノードとなります。

■ ノード間の関係

あるノードに対してルート側のノードを**親**、逆側のノードを**子**、同じ親で同じ階層のノードを**兄弟**と呼びます。例えば前ページの図においてノードDに着目すると、親がB、子がH、I、兄弟がEということになります。

■ リーフノード

子を持たないノードを**リーフ**もしくは**リーフノード**と呼びます。前ページの図ではF、G、H、I、J、Kがリーフノードとなります。

■ 深さ

ルートからの距離を**深さ**と表現し、木の上方にあるノードを「浅い」、下方にあるノードを「深い」と表現します。

ここまでの用語を前ページの図に当てはめると、次ページの図のとおりとなります。

図 9-2

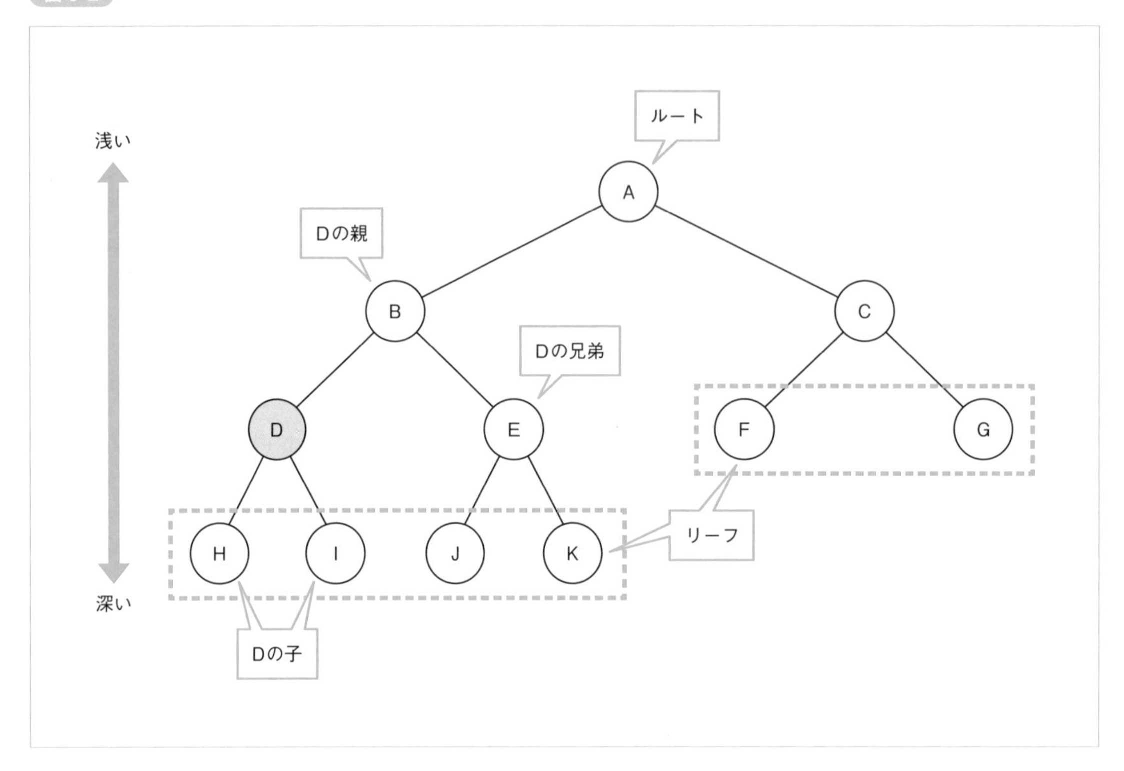

木構造の種類

木構造にはさまざまな種類があるのですが、上図のように子の数が0～2までのものを**二分木**と呼びます。一方、3つ以上の子を持つようなものを**多分木**と呼びます。多分木には、データベース等で使用されるB木等、有用なものが多くあるのですが、学習難易度が高いと言えるでしょう。木構造自体が比較的学習の難しい分野であるため、本章では二分木のなかでも基本的な以下ふたつについて解説することにします。

- 二分探索木
- ヒープ木

難易度 ★★★

9-2 二分探索木

9-2-1 二分探索木

二分探索木とは、二分木のうち各ノードがキーと呼ばれる探索用の値を持ち、キーを比較するとすべてのノードが「左の子≦親≦右の子」を満たすものを指します。ただし、定義上は両側に等号がついているものの、実装する場合は通常「左の子＜親≦右の子」もしくは「左の子≦親＜右の子」といったように、どちらか一方に寄せることが一般的です。

下図は二分探索木のデータイメージです。

図 9-3

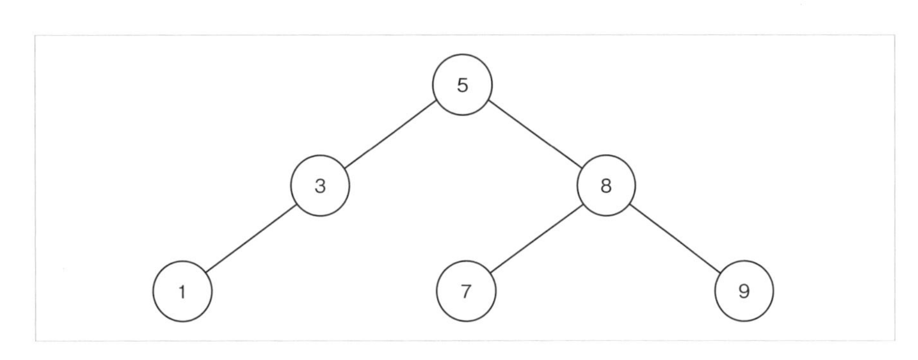

各ノードが丸い印で表され、なかの数字がキーとなっています。前述の定義のとおり、いずれのノードも左右に子がある場合は「左の子＜親≦右の子」となっています。例えば、8のノードに着目すると、左右の子はそれぞれ7、9となり、「左の子（7）＜親（8）≦右の子（9）」となっています。また、図には表現されていませんが、キーとともに任意のデータを格納することができ、これを本節では値（value）と呼ぶことにします。また、例えば「キーが3のノード」のことを、省略して単に「3のノード」と記述することにします。

難易度 ★★★

9-3 二分探索木の実装

ここから実際にPythonで二分探索木を実装して、理解を深めましょう。なお、本書で解説する二分探索木の実装は、単純化のため同じキーは追加できないものとします。

9-3-1 初期化処理

まず、ノードを表すNodeというクラスを作成します。

コード9-1

```
class Node:
    def __init__(self, key, value, is_left=None):
        self.key = key
        self.value = value
        self.left = None
        self.right = None
        self.is_left = is_left

    def __str__(self):
        return str(self.key) + ":" + str(self.value)
```

キーと値を表す変数key、valueに加え、左右の子ノードを指し示すためleft、rightという変数を保持します。それらに加え、後述するダンプのため左右どちらの子なのかを表すフラグを保持します。文字列表現はキーと格納している値を返すことにします。

次に、これらのノードを格納する二分探索木のクラスMyBsTreeを実装します。初期化時に、空のルートノードを表す変数rootを持つものとします。

コード 9-2

```
class MyBsTree:
    def __init__(self):
        self.root = None
```

以降、MyBsTreeに対して以下のメソッドを順に実装していきます。いずれのメソッドも断りがない場合、処理に失敗した場合はエラーメッセージを表示して何も行わないことにします。

メソッド	説明
__str__	文字列表現を返す
add(key, value)	指定したキー、値のノードを木に追加する
get(key)	指定したキーのノードを返す
delete(key)	木から指定したキーのノードを削除する

9-3-2 ノードの追加

では、二分探索木にノードを追加する処理から考えてみましょう。まず、ルートがない場合は追加したノードがルートになります。以降、追加したノードのキーが5だったと仮定して解説を進めます。

図 9-4

次に、3のノードを追加してみます。ルートのキー、5と比較すると小さいため5より左側に追加することになります。ルートの左側は空いているため、ここに追加することになります。

図 9-5

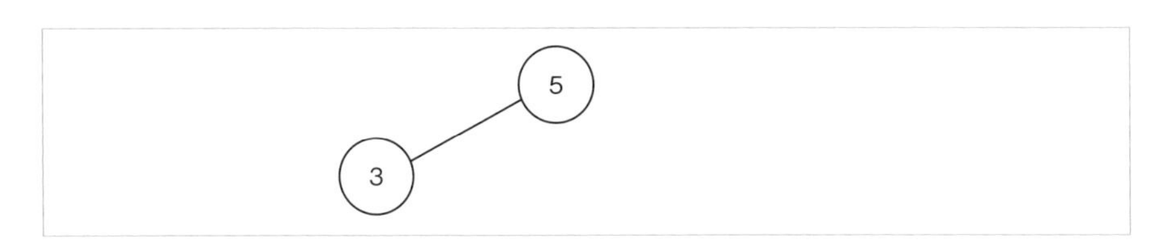

次に、8のノードを追加してみます。ルートのキー、5と比較すると大きいため5より右側に追加することになります。ルートの右側は空いているため、ここに追加することになります。

図9-6

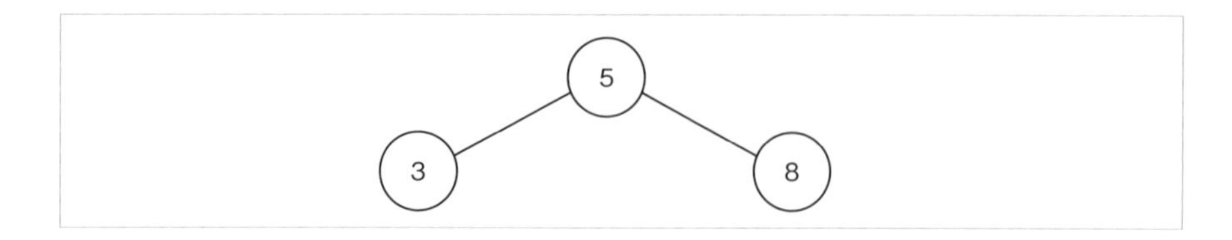

さらに7のノードを追加してみます。ルートと比較すると大きいのですが、すでに8のノードがあります。ここと再度比較すると、8のノードの左側は空いているため、ここに追加することになります。

図9-7

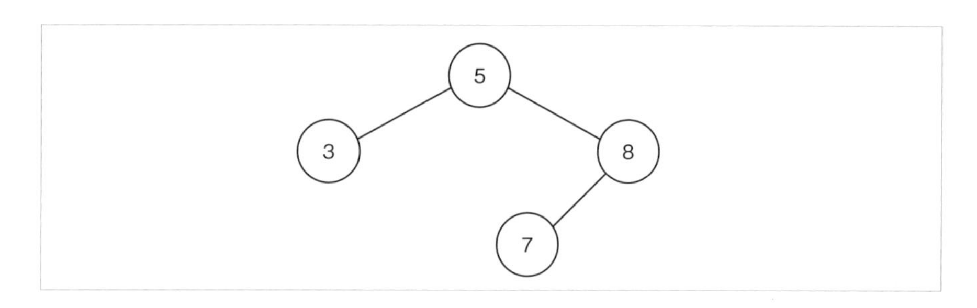

このようにキーの大小関係を比較しながら走査を行い、空きが見つかったらその位置に追加します。こういった手順のため、二分探索木のノード追加の際はノードとノードの間に挿入されることはなく、常にリーフノードとして追加されることになります。

では実装です。以下のコードは指定したキー、値のノードを二分探索木に追加します。

コード9-3

```
    def add(self, key, value):
        # rootがない場合はrootに設定
        if self.root is None:
            self.root = Node(key, value)
            return

        self._add_node(self.root, key, value)

    def _add_node(self, node, key, value):
        if key == node.key:
```

```
            print("指定したキーはすでに存在するため追加できませんでした", key)
            return

        if key < node.key:
            # 指定したキーが現在のノードのキーより小さい場合
            if not node.left:
                # 左側に空きがあればそこに設定
                node.left = Node(key, value, is_left=True)
                return
            else:
                # 左側に空きがなければ左側を再帰的にたどる
                self._add_node(node.left, key, value)
        else:
            # 指定したキーが現在のノードのキーより大きい場合
            if not node.right:
                # 右側に空きがあればそこに設定
                node.right = Node(key, value, is_left=False)
                return
            else:
                # 右側に空きがなければ右側を再帰的にたどる
                self._add_node(node.right, key, value)
```


コードの解説です。まず、addメソッドですが、3行目から5行目までは、ルートがない場合の処理となり、ルートがなければ追加ノードをルートに設定して処理を終えます。一方、ルートがすでにある場合は、先ほどの解説のとおり、ルートから大小関係を比較しながら木の走査を行います。この処理を再帰的に実行するため、_add_nodeメソッドを呼び出します。_add_nodeでは、まず同じキーのノードがすでにある場合は、エラーメッセージを表示して処理を終了します。また、18行目、27行目のノード追加処理では、追加するノードが左側の子の場合はis_leftをTrueに、それ以外の場合はFalseを設定しています。

実行してみましょう。valueには任意のデータが設定できるのですが、今回は簡単に適当な文字列を指定することにします。

木構造をコマンドライン上でダンプする場合、コードがかなり煩雑になるため、あらかじめダンプ用のモジュールを用意しておきました。木内部の様子を確認したい方は、サンプルコードのフォルダchap09の配下にあるbst_dump.pyというコードを同じディレクトリに配置し、インポートして使用してみてください。なお、このダンプ用コードは学習用の簡易的なものであるため、キーに指定できる値は整数の0から9まで、階層の上限を4としており、これを超える場合はエラーもしくは表示が崩れます。

コード9-4
実行例

```
from bst_dump import dump

class Node:
    def __init__(self, key, value, is_left=None):
        ⋮
        ⋮


class MyBsTree:
    def __init__(self):
        ⋮
        ⋮

def main():
    bst = MyBsTree()
    bst.add(5, "Yamada")
    bst.add(3, "Tanaka")
    bst.add(8, "Suzuki")
    bst.add(7, "Sato")
    bst.add(9, "Takahashi")
    bst.add(1, "Watanabe")
    dump(bst)

main()
```

　実行すると、以下のように二分探索木としてノードが追加されていることが確認できます。

実行結果

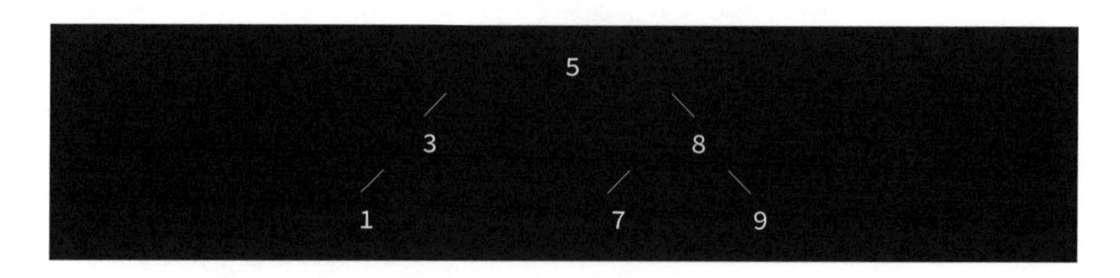

9-3-3 ノードの取得

次に、指定したキーのノードを取得する処理を実装します。なお、見つからない場合はメッセージを表示して何も返さないものとします。

コード 9-5

```
    def get(self, key):
        return self._get_node(self.root, key)

    def _get_node(self, node, key):
        if node is None:
            print("指定したキーのノードは見つかりませんでした")
            return node

        if key == node.key:
            # 引数で指定したキーとノードのキーが一致
            return node

        # ルートから指定したキーのノードまで再帰的にたどる
        if key < node.key:
            # 指定したキーが現在のノードのキーより小さい場合、左側を再帰的にたどる
            return self._get_node(node.left, key)
        else:
            # 指定したキーが現在のノードのキーより大きい場合、右側を再帰的にたどる
            return self._get_node(node.right, key)
```

getメソッドは引数で指定したノードを取得するため、先ほどの追加処理と同様、ルートから順に値の比較を行い再帰的に走査を行う_get_nodeメソッドを呼び出します。_get_nodeメソッドは指定したキーが着目したノードのキーより小さい場合は左側を、大きい場合は右側を走査し、一致した場合はその値を返します。

addの続きで取り出して内容を確認してみます。

コード 9-6

```
def main():
    bst = MyBsTree()
    bst.add(5, "Yamada")
    bst.add(3, "Tanaka")
```

```
    bst.add(8, "Suzuki")
    bst.add(7, "Sato")
    bst.add(9, "Takahashi")
    bst.add(1, "Watanabe")

    node = bst.get(7)
    print(node)

main()
```

指定したキーのノードが取り出せたことが確認できます。

実行結果

```
7:Sato
```

9-3-4 ノードの削除

ここまでは単連結リストや連想配列と似たような処理であるため、比較的簡単に進められたかもしれません。実は二分探索木の学習で難しい点が削除処理で、状況により削除方法が異なるため複雑な処理となります。このため、ここからはもう少し細かく解説を進めます。

削除のパターン

二分探索木でノードを削除する場合、そのノードの子の有無、数により処理が異なります。先に削除のパターンをまとめると、下表のとおりA、B、Cの3とおりとなります。

パターン	処理概要
(A) 子を持たない	削除対象ノードを削除する
(B) 片側のみ子がある	削除対象ノードを削除し、削除したノードの子を、削除したノードの位置に付け替える
(C) 両側に子がある	削除対象のノードを起点とした左部分木の最大ノードを、削除したノードの位置に付け替える

では順に解説します。

■ パターンA　子を持たないノードの削除

まずは子を持たないノードの削除からです。二分探索木が下図のような状況の場合で、7のノードを削除する場合などが挙げられます。

図 9-8

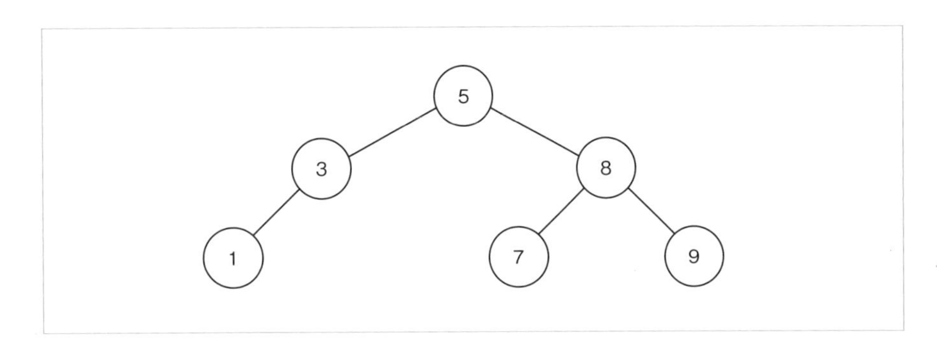

この場合は単純に削除、つまり8のノードの左側の子にNoneを設定すれば完了です。

図 9-9

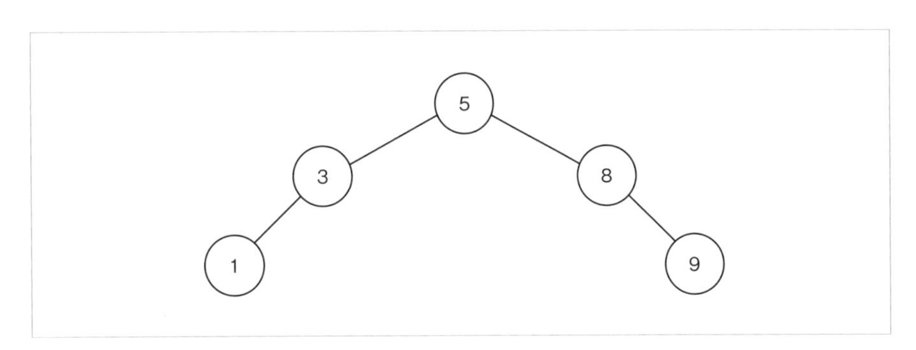

■ パターンB　片側のみ子があるノードの削除

次に片側のみ子があるノードを削除する場合です。削除対象とその子を置き換える必要があります。例えば、先ほどと同じ状況で3のノードを削除する場合、次ページの図のように1のノードを5のノードの左の子に設定します。

図 9-10

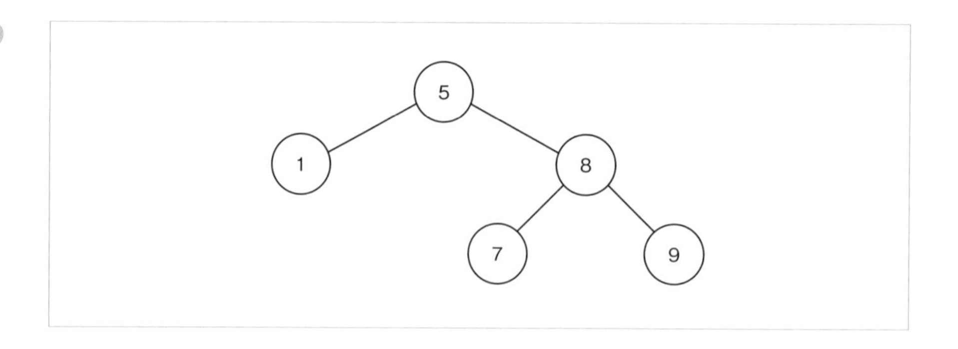

以降、削除したノード位置に付け替えるノードのことを、本書では**後継ノード**と記述することにします。

■ パターンC　両側に子があるノードの削除

最後が両側に子があるノードを削除する場合です。この場合、削除したノードの位置に、削除対象ノードを起点とした部分的な木があります。左側にあることから左部分木と記述することにします。左部分木の最大ノードをその位置に設定する必要があります。

例えば、下図の状態の二分探索木があったとします。この際4のノードを削除する場合について考えてみます。

図 9-11

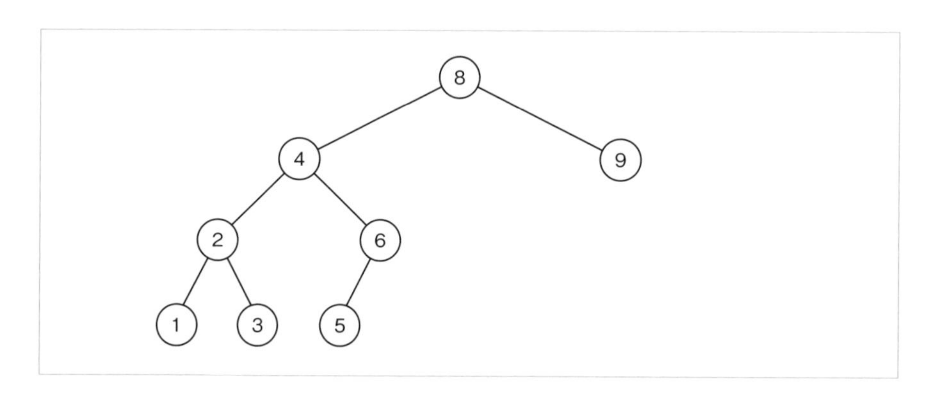

この場合、4のノードを起点とした左部分木は次ページの範囲となり、その最大値は3となります。

図 9-12

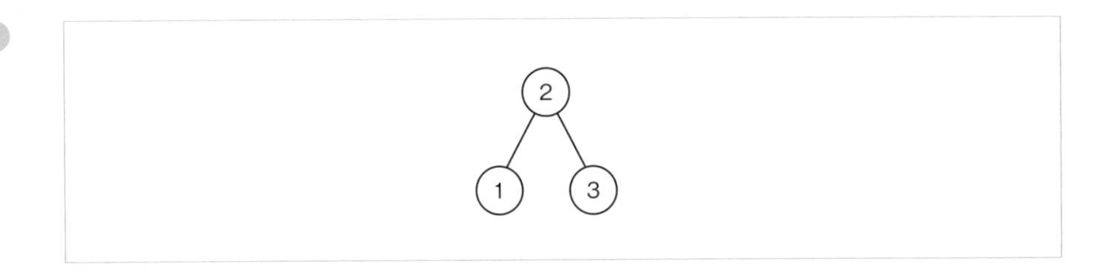

つまり、3のノードが後継ノードとなります。このため、削除後の二分探索木は以下のとおりとなります。

図 9-13

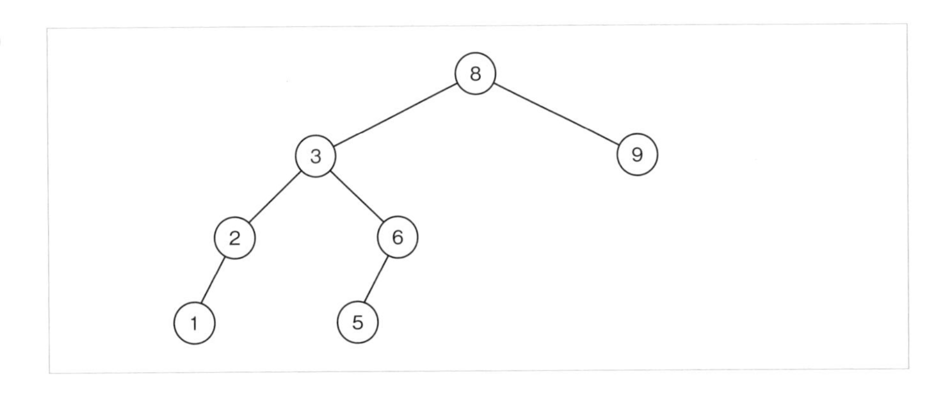

なお、付け替える左部分木の最大ノードは二分探索木の性質上、部分木の右側をたどったノードとなります。

もうひとつ例です。先ほどの例で、ルートノードを削除する場合について考えてみます。この場合、以下の部分木の最大ノードである6のノードが後継ノードとしてルートの位置に設定されます。ただし、先ほどとは異なりこの後継ノードには左側に5のノードがあります。

図 9-14

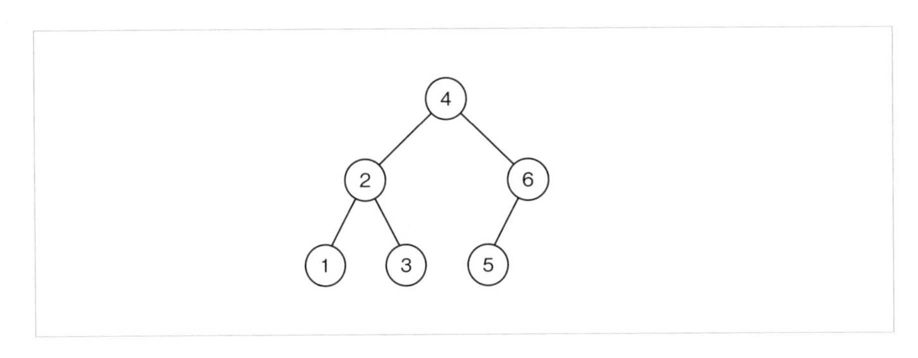

このため、後継ノードの親ノードの右側に後継ノードの子を設定する必要があります。

図 9-15

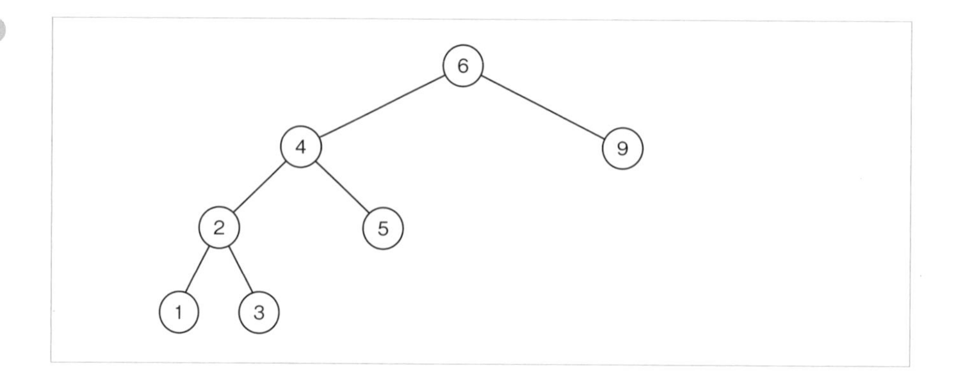

より具体的に、4のノードの右側の子に後継ノードの子である5のノードを設定することになります。

両側に子がある場合の後継ノードを取得する場合、あるノードを起点とした左部分木の最大ノードを探索することになります。例えば、以下のように実装することができます。

コード 9-7

```
node = node.left
while node.right:
    node = node.right
```

1行目で起点となるノードの左側の子を取得しています。その後、while文で右側を走査し、右側の子がなくなったらそれが最大ノードとなります。

削除処理の実装

ではようやく削除処理の実装です。指定したキーのノードを削除します。

コード 9-8

```
    def delete(self, key):
        node = self.root
        self._del_node(node, key)

    def _del_node(self, node, key):
        if node is None:
```

```
            print("指定したキーのノードは見つかりませんでした")
            return node

        # ルートから指定したキーのノードまで再帰的にたどる
        if key < node.key:
            # キーがノードより小さい場合、左部分木でノードを探索
            node.left = self._del_node(node.left, key)
            if node.left:
                node.left.is_left = True
            return node
        if key > node.key:
            # キーがノードより大きい場合、右部分木でノードを検索
            node.right = self._del_node(node.right, key)
            if node.right:
                node.right.is_left = False
            return node

        # 子がないもしくは左右一方のみに子がある場合、後継ノードとしてその子を返す
        if node.right is None:
            if node == self.root:
                # 対象ノードがルートの場合は自身を子に付け替え
                self.root = node.left
            return node.left
        if node.left is None:
            if node == self.root:
                # 対象ノードがルートの場合は自身を子に付け替え
                self.root = node.right
            return node.right

        # 両側に子がある場合、左部分木の最大ノードを後継ノードとする
        successor = node.left
        while successor.right:
            successor = successor.right

        # 後継ノードの情報をコピー
        node.key = successor.key
        node.value = successor.value

        # 削除対象ノードの左部分木から後継ノードを削除する
        node.left = self._del_node(node.left, successor.key)
        if node.left:
            node.left.is_left = True
        return node
```

deleteメソッドは、引数で指定したキーのノードを削除するため、後述のとおり再帰的に処理を行う_del_nodeメソッドを呼び出します。

_del_nodeメソッドは、引数で指定したノード配下に、引数で指定したキーのノードがあれば削除処理を行い、戻り値として付け替え後の後継ノードを返します。

22行目まではこれまで実装したaddメソッド、getメソッドと同様に指定したキーが見つかるまで再帰的にたどります。24行目以降、削除対象のノードが見つかった場合の処理となります。24行目から34行目は、子がないもしくは左右一方のみに子がある場合で、後継ノードとしてその子を返します（削除パターンA、Bに対応）。両方に子がない場合は結果としてNoneが返されます。

36行目以降が両側に子がある場合です（削除パターンCに対応）。先ほどの解説のとおり、while文で左部分木の最大ノードを探し出し、後継ノードとしています。この情報をコピーして上書きすることで当該ノードが削除され、付け替えが行われたとみなすことができます。この時点ではコピー元の後継ノードがまだある状態ですので、その後、左部分木から後継ノードの削除を再帰で行います。

では実行してみましょう。

コード9-9

```
def main():
    bst = MyBsTree()
    bst.add(8, "Suzuki")
    bst.add(3, "Tanaka")
    bst.add(9, "Takahashi")
    bst.add(2, "Yamashita")
    bst.add(6, "Sato")
    bst.add(1, "Ito")
    bst.add(5, "Watanabe")
    dump(bst)
    bst.delete(8)
    dump(bst)


main()
```

上のコードでは、先ほどの例と同様の構成でルートを削除しています。実行すると、ルートに後継ノードの6のノードが配置され、後継ノードの親に子が引き継がれている様子が確認できます。

実行結果

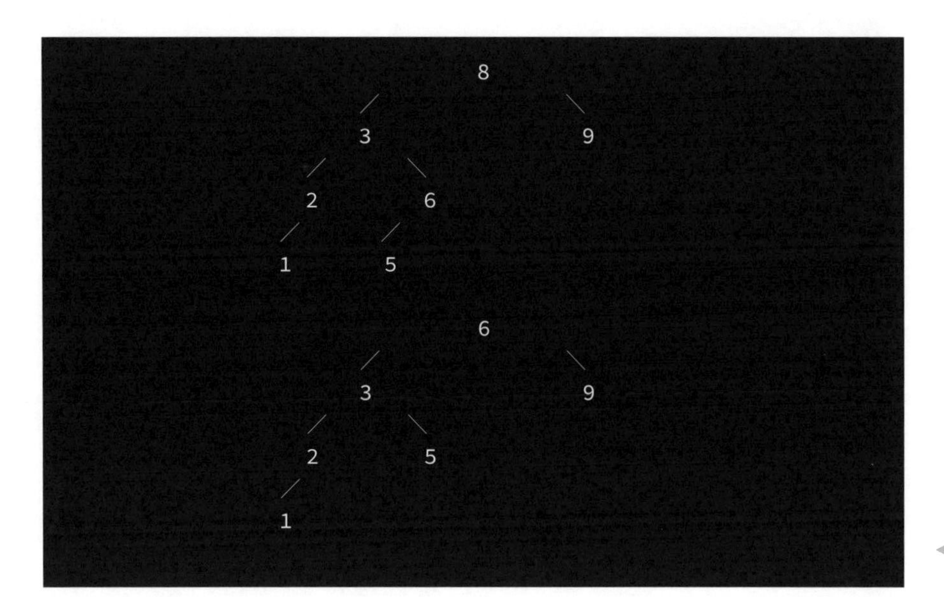

難易度 ★★★

9-4 二分探索木の特徴

ずいぶん大変な処理でしたが、二分探索木をはじめ木構造は、連結リストと比較すると速度の面で優れたデータ構造と言えます。連結リストでは、適当な要素を見つける場合は頭からたどる必要があり、計算量が$O(n)$でしたが、二分探索木の場合は$O(log\ n)$で済みます。また、追加、削除についても計算量は$O(log\ n)$となります。

ただし、ノードの追加順序に依存します。例えば、キーが小さいものから大きいものの順で格納した場合は、以下のとおり連結リストと同じ構成となります。この場合、取得、追加、削除いずれも、計算量が連結リストの$O(n)$と同じにまで悪化してしまいます。

図 9-16

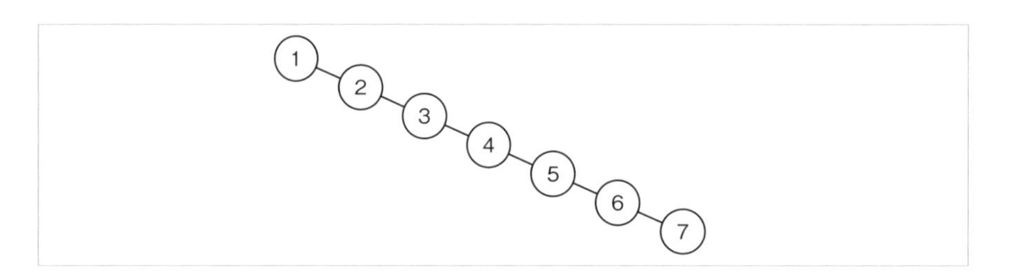

こういったアンバランスな深い状態から、下図のように階層を浅く再構成することを**平衡化**と呼びます。

図 9-17

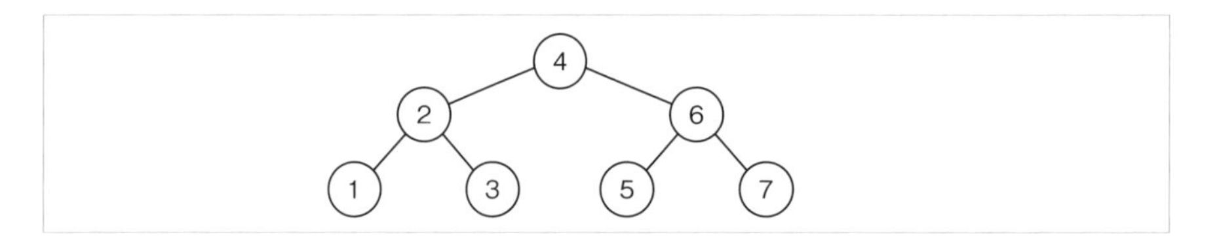

平衡化をすることにより、探索の計算量を$O(log\ n)$に保つことができるわけです。複雑な処理になるため詳細は割愛しますが、こういった平衡化機構をもった二分探索木のことを**平衡二分探索木**と呼びます。

難易度 ★★☆

9-5 データ列による二分木の表現

9-5-1 データ列による二分木の表現

前節の二分探索木では、連結リストのときと同様に専用のクラスを定義し、参照により木構造を表現しました。一方、上の階層から順に左から右へと要素を配列やリスト等のデータ列に格納して二分木を表現したり、データ列を二分木として見なす方法もあります。例えば、以下のようなA～Kのデータが格納された二分木があったとします。

図 9-18

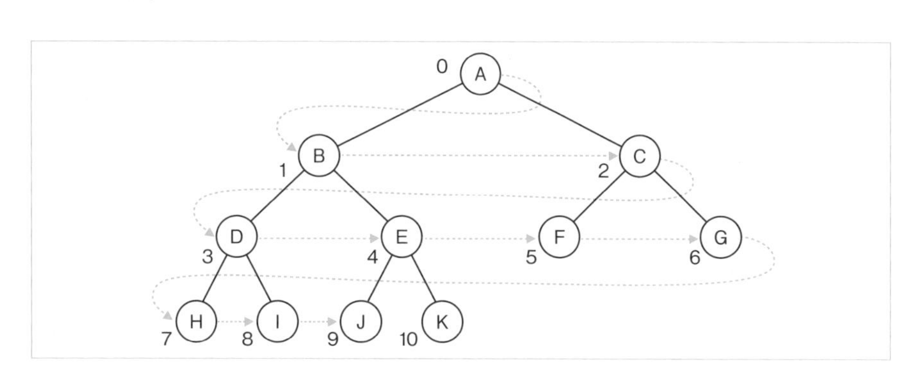

この二分木は、上から各階層ごとに左から右に順にノードを並べると、以下のようなデータ列となります。また、逆にデータ列の各要素を木の各ノードに割り当てることで、データ列を二分木として見なすこともできるわけです。

図 9-19

0	1	2	3	4	5	6	7	8	9	10
A	B	C	D	E	F	G	H	I	J	K

このデータ列のインデックスと親子関係について、もう少し詳しく見てみましょう。

図9-20

			0	1	2	3	4	5	6	7	8	9	10
着目するインデックス	左子のインデックス	右子のインデックス	A	B	C	D	E	F	G	H	I	J	K
0	1	2	親	左子	右子								
1	3	4		親		左子	右子						
2	5	6			親			左子	右子				
3	7	8				親				左子	右子		
4	9	10					親					左子	右子
:	:	:											
i	i * 2 + 1	i * 2 + 2											

図9-18では0番目のAに着目すると、1番目、2番目のB、CがそれぞれAの左右の子でした。また、1番目のBに着目すると、3番目、4番目のD、EがそれぞれBの左右の子でした。図9-20の表に左右の子のインデックスを整理すると、その増え方がわかります。i番目のノードに対し一般的に以下の式が成立します。

- ルートノードのインデックス： `0`
- 親ノードのインデックス： `(i - 1) // 2`
- 左側の子ノードのインデックス： `i * 2 + 1`
- 右側の子ノードのインデックス： `i * 2 + 2`

ではここで、適当な数値を格納したlist型を二分木とみなして内容を確認してみましょう。木内部の様子を確認したい方は、サンプルコードのフォルダchap09の配下にあるheap_dump.pyというコードを同じディレクトリに配置し、インポートして使用してみてください。なお、このダンプ用コードは学習用の簡易的なものであるため、キーに指定できる値は整数の0から99まで、要素数の上限を10としており、これを超える場合はエラーもしくは表示が崩れます。

コード9-10 実行例

```
from heap_dump import dump

my_list = ["A", "B", "C", "D", "E", "F", "G", "H", "I", "J", "K"]
dump(my_list)
```

実行すると、以下のように二分木として各ノードが表示されます。

実行結果

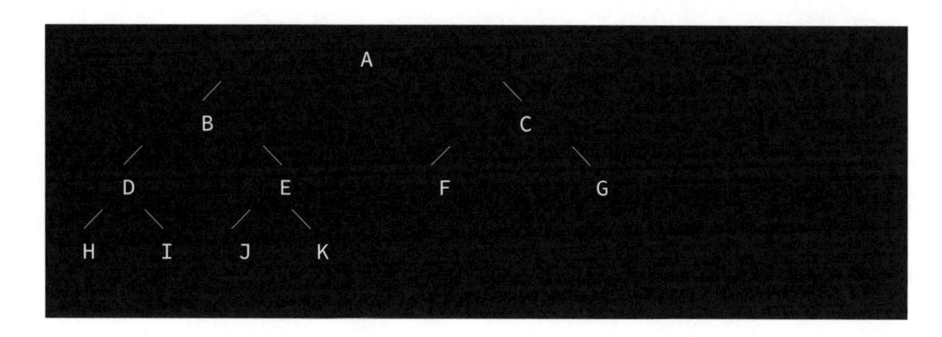

難易度 ★★☆

9-6 ヒープ木

9-6-1 ヒープ木

二分木で各ノードに値を持ち、親子の値が定まった大小関係を常に満たすものをヒープ木と呼びます。本書では「親ノードの値≦子ノードの値」を常に満たすものを指すことにします。なお、兄弟ノードの値の大小は任意となります。下図はヒープ木のデータイメージの一例です。いずれのノードも子ノードより小さな値を持っています。

図 9-21

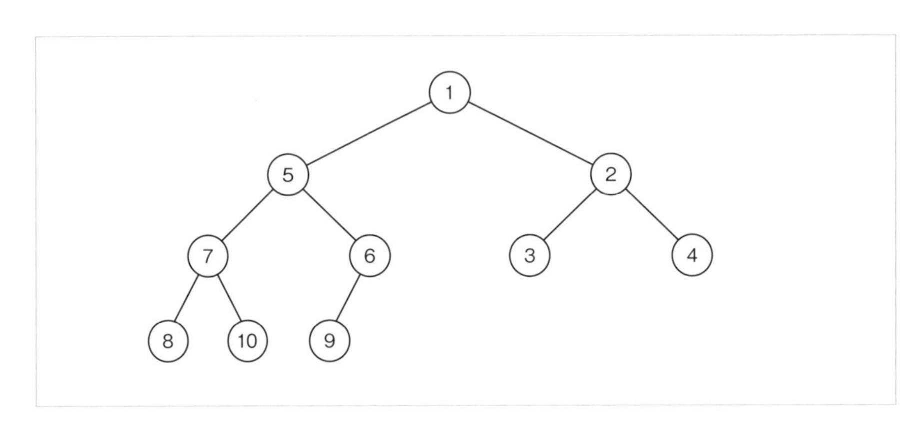

ヒープ木は定義よりルートノードが最小値となるのですが、この性質を利用したソートが次節で解説するヒープソートです。本節ではヒープソートの準備としてデータ列をヒープ化する方法について解説します。

9-6-2 ヒープ化

ある二分木をヒープ木に並び替える処理を、ヒープ化と呼びます。方法はいくつかあるのですが、本書ではシフトダウンと呼ばれる方法を具体的な例で解説します。まず、以下のようなデータ列[1, 10, 3, 5, 6, 2, 4, 8, 7, 9]で表される二分木があったとします。

図 9-22

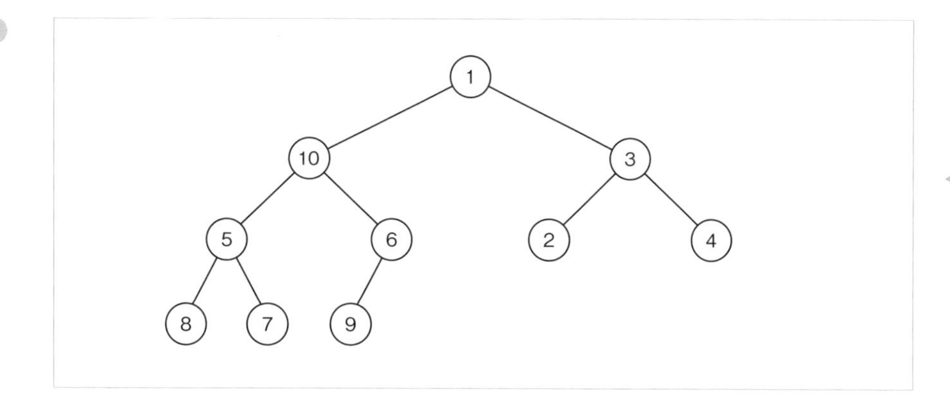

この二分木はヒープ木ではありません。ただし10のノードに着目すると、左右配下の部分木はヒープ木になっています。ここから10のノードを起点とした部分木をヒープ化してみます。まず、子と値を比較し、子より小さい場合は小さいほうの子と交換して位置を降ろします。10と5を交換すると以下のようになります。

図 9-23

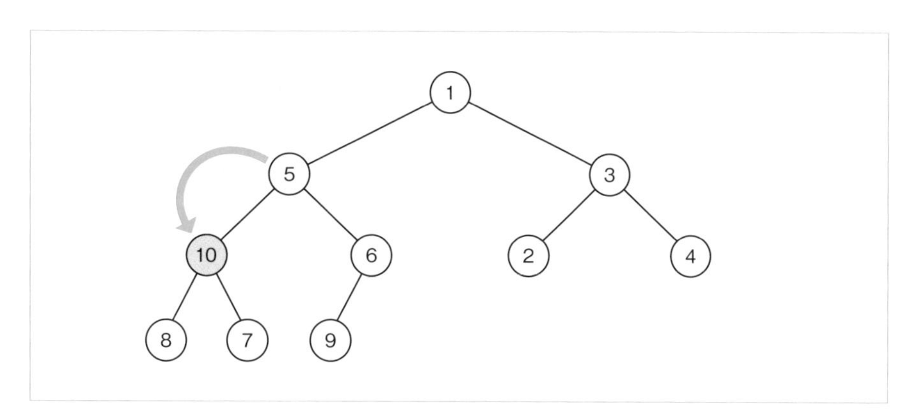

さらに降ろした位置の子と値を比較し、子より小さい場合は小さいほうの子と交換して位置を降ろします。

図 9-24

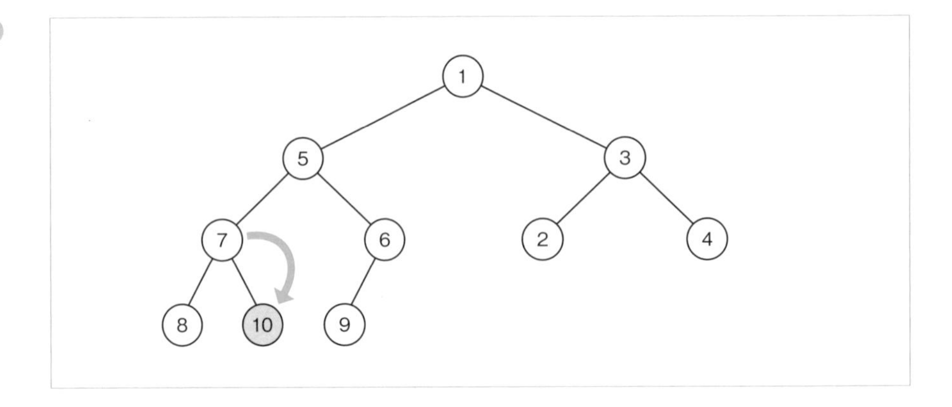

このように子と比較して小さければ下に降ろすという処理を繰り返すと、着目したノードが適切な位置に移動されて部分的なヒープ化が完成します。このように、対象のノードが下方に移動する動きからシフトダウンと呼ばれています。ここまでの説明では、部分木がそれぞれヒープ化されていることを前提としていましたが、子を持つノードの最下部からこの操作を行うと二分木全体をヒープ化することが可能となります。

9-6-3 データ列のヒープ化の実装

シフトダウンの実装

前節で解説したとおり二分木はデータ列で表現可能です。ここで、データ列で表現された二分木をヒープ化する処理を実装してみましょう。比較的複雑な処理となるため、まずはシフトダウンの処理から実装することにします。次ページのコードは、引数で指定したlist型変数に対し、i番目の要素を対象にシフトダウンを行う関数です。前節で使用した、木構造を確認するためのdump関数をここでも使用しています。

コード 9-11

```
from heap_dump import dump

def shift_down(my_list, i):

    dump(my_list)
    left_idx = i * 2 + 1
    right_idx = i * 2 + 2
    last_idx = len(my_list) - 1
    minimum_val_idx = i

    # 対象ノードとその左子、右子のなかで最小値となるノードのインデックスを格納。
    # 初期値に対象ノードのインデックスを設定
    minimum_val_idx = i

    if left_idx <= last_idx and my_list[left_idx] < my_list[i]:
        # 左子 < 対象ノード
        minimum_val_idx = left_idx

    if right_idx <= last_idx and \
        my_list[right_idx] < my_list[minimum_val_idx]:
        # 右子 < 対象ノード
        minimum_val_idx = right_idx

    if minimum_val_idx != i:
        # 左子、右子のどちらかが最小値の場合、
        # 対象ノードと交換し、再帰的にシフトダウンを行う
        my_list[i], my_list[minimum_val_idx] = \
            my_list[minimum_val_idx], my_list[i]
        shift_down(my_list, minimum_val_idx)

shift_down([1, 10, 3, 5, 6, 2, 4, 8, 7, 9], 1)
```

実行すると、先ほどの図のとおり10の要素がシフトダウンされることが、次ページのように確認できます。

実行結果

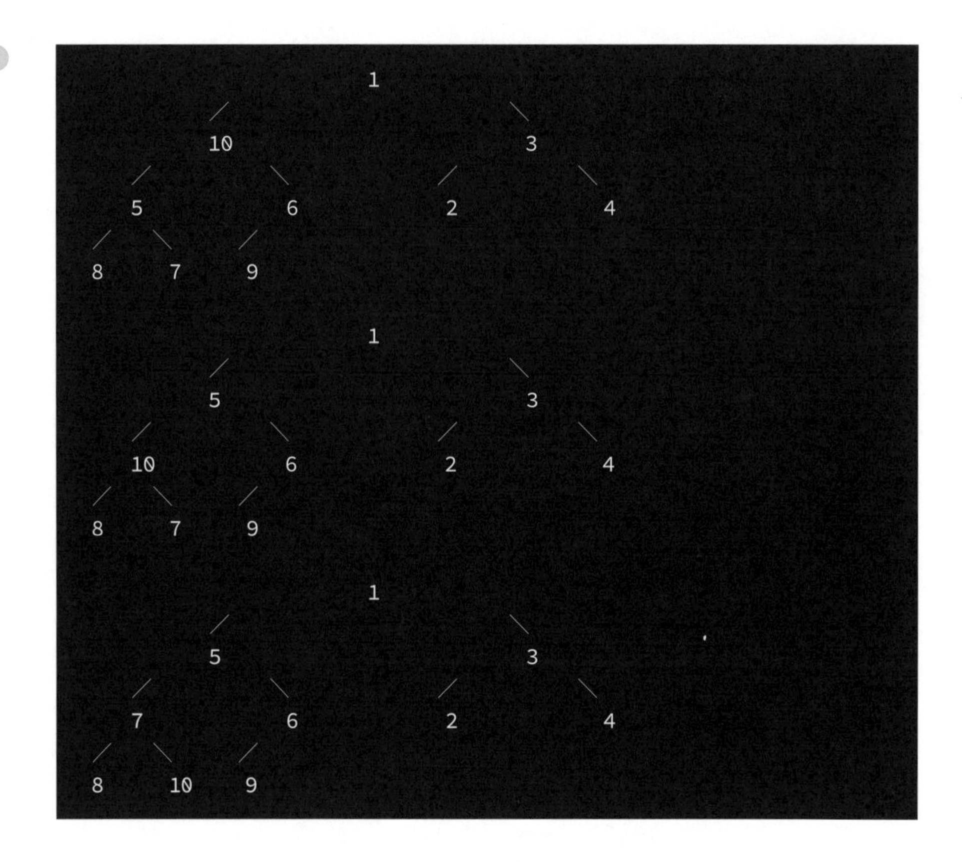

コードの解説です。`left_idx`、`right_idx`は対象ノードの左右の子のインデックスが格納されます。前節で解説したとおり、データ列で二分木をルートから格納した場合、左右の子のインデックスはそれぞれ`i * 2 + 1`、`i * 2 + 2`で計算しています。その後、対象ノードとその左子、右子との大小関係を確認し、最小のものを対象ノードの位置と交換します。あとは、この処理を再帰的に行えばシフトダウンが完了します。

9-6-4 ヒープ化の実装

次に、データ列全体をヒープ化する処理を実装してみましょう。子を持つノードの最下部から順にシフトダウンを行えば、処理が完成します。視認性を上げるため、シフトダウンする対象ノードごとに点線で区切ることにします。

コード 9-12

```
def shift_down(my_list, i):
    ⋮
    中略
    ⋮


def heapify(my_list):
    # 末尾のインデックス
    last_idx = len(my_list) - 1
    # 子を持つ最も深い要素のインデックス
    last_parent_idx = (last_idx - 1) // 2
    for i in reversed(range(last_parent_idx + 1)):
        print()
        print("シフトダウン対象ノード:", my_list[i])
        shift_down(my_list, i)
        print("------------------------------------------------")


heapify([1, 10, 3, 5, 6, 2, 4, 8, 7, 9])
```

先ほどのコードに、heapifyという関数を追加して呼び出しています。heapify関数は、引数で指定したlist型変数を二分木とみなしてヒープ化します。子を持つ最も深い要素から処理を行うため、末尾ノードの親のインデックスを計算し、データ列の後方から処理を行うためreversed関数で逆順にしています。

実行結果

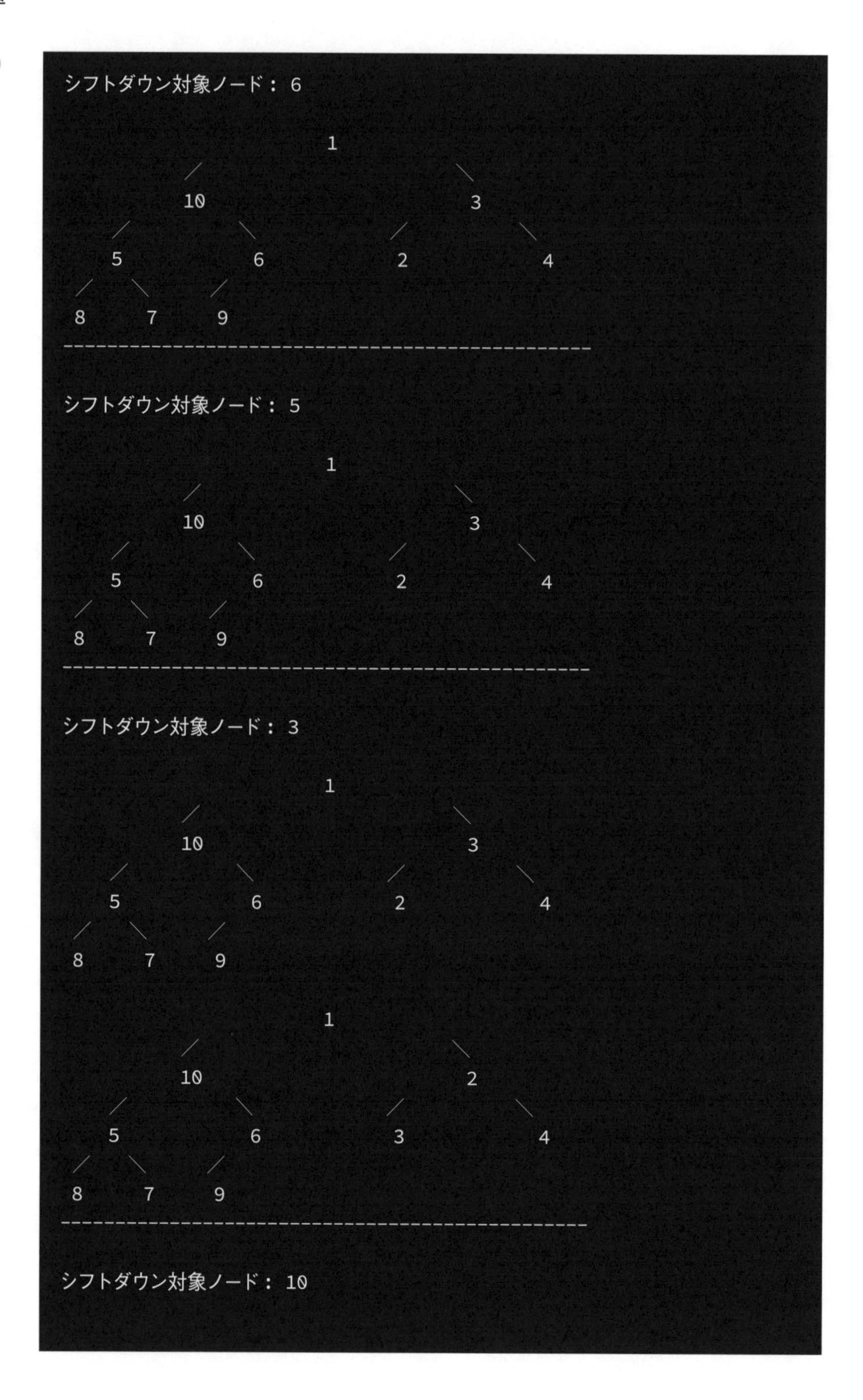

```
シフトダウン対象ノード: 6

                        1
           ／                       ＼
           10                       3
     ／         ＼            ／          ＼
     5           6            2            4
  ／   ＼     ／
  8     7     9
--------------------------------------------

シフトダウン対象ノード: 5

                        1
           ／                       ＼
           10                       3
     ／         ＼            ／          ＼
     5           6            2            4
  ／   ＼     ／
  8     7     9
--------------------------------------------

シフトダウン対象ノード: 3

                        1
           ／                       ＼
           10                       3
     ／         ＼            ／          ＼
     5           6            2            4
  ／   ＼     ／
  8     7     9

                        1
           ／                       ＼
           10                       2
     ／         ＼            ／          ＼
     5           6            3            4
  ／   ＼     ／
  8     7     9
--------------------------------------------

シフトダウン対象ノード: 10
```

子を持つ一番深いノード6からルートに向かって順にシフトダウンが行われ、結果として二分木全体がヒープ化されたことが確認できます。

9-7-1 ヒープソート

前述のとおり、ヒープ木のルートが常に最小値となる性質を利用したソートがヒープソートです。ここまででlist型の変数をヒープ化する処理が実装できましたので、それを流用してヒープソートを実装してみましょう。

9-7-2 全体的な処理フロー

これまでの応用的なソートと同様、比較的学習難易度の高い処理です。まずは、具体的な例で概念的なフローから見てみましょう。例えば、以下のようなインデックスが0から6まであるlist型変数をソートする場合について考えてみます。

```
[7, 6, 2, 3, 5, 4, 1]
```

このlist型変数を二分木で表すと、以下のようになります。

まずこの二分木をヒープ化すると、以下のようになります。

この時点でのlist型変数の内容は以下のようになります。

```
[1, 3, 2, 6, 5, 4, 7]
```


ここで、0番目の要素は最小となりソートされたとみなせるため、次にインデックスが1番目以降の要素のみを対象としてヒープ化します。0番目を無視し、1番目以降を二分木で表すと以下のようになります。

この時点でのlist型変数の内容は以下のようになります。

```
[1, 2, 3, 6, 5, 4, 7]
```

0～1番目がソートされたため、さらに2番目以降をヒープ化し……という処理を繰り返すことで全体がソートされます。

9-7-3 範囲のヒープ化

次に、特定のインデックス以降に範囲を絞ってヒープ化する処理について考えてみましょう。ヒープ化の処理範囲の開始インデックスをstart_idxとすると、ルート、i番目のノードの親、左右の子のインデックスは以下で求めることができます。

- ルートノードのインデックス：　start_idx
- 親ノードのインデックス：　((i - start_idx - 1) // 2) + start_idx
- 左側の子ノードのインデックス：　(i - start_idx) * 2 + 1 + start_idx
- 右側の子ノードのインデックス：　(i - start_idx) * 2 + 2 + start_idx

本章の第5節で解説したインデックスと親子関係の式に似ていますが、ルートの位置がstart_idx分後方にずれることを考慮する必要があります。

まず、開始インデックスのノードをルートとして扱うため、ルートノードのインデックスはstart_idxとなります。また、開始インデックスがstart_idxの木のi番目のノードと、開始インデックスが0の木の(i - start_idx)番目のノードは位置関係が同じになります。例えば、以下の木は第5節の解説で使用した木で、開始インデックスが0と2のものを並べたものですが、下の木のi番目のノードに対し、上の木のi - 2番目のノードが位置関係上、対応していることが確認できます。

図9-25

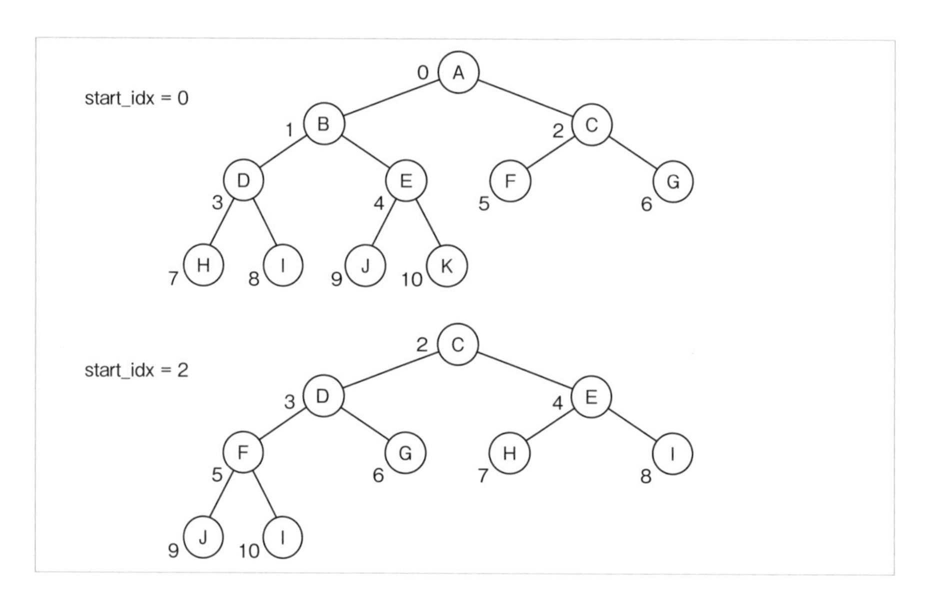

第5節で解説した計算式より、開始インデックスが0の場合は(i - start_idx)番目のノードの左側の子のインデックスは、(i - start_idx) * 2 + 1で計算することができます。その値に、ずらした分のstart_idxを足した(i - start_idx) * 2 + 1 + start_idxが、開始インデックスstart_idxの木のi番目の左側の子のインデックスになるわけです。右側も同様に導出することができます。

ところで、実はこれまで使用してきたheap_dump.pyのdump関数は、第2引数にstart_idxを指定することが可能です。以下のコードは、1〜7が格納されたlist型変数のインデックス＝2以降を二分木でダンプしています。

コード 9-13

```
dump([1, 2, 3, 4, 5, 6, 7], 2)
```

実行結果

9-7-4 ヒープソートの実装

ではヒープソートの実装です。まず、前節で作成したシフトダウンを行うshift_down関数に対し、ヒープ化の開始インデックスを指定できるようにします。

コード 9-14

```
def shift_down(my_list, start_idx, i):                  # ← 引数追加
    dump(my_list, start_idx)                            # ← 引数追加
    left_idx = (i - start_idx) * 2 + 1 + start_idx      # ← 式修正
    right_idx = (i - start_idx) * 2 + 2 + start_idx     # ← 式修正
    last_idx = len(my_list) - 1
    ︙
    中略
    ︙
    if minimum_val_idx != i:
        my_list[i], my_list[minimum_val_idx] = \
            my_list[minimum_val_idx], my_list[i]
        shift_down(my_list, start_idx, minimum_val_idx) # ← 引数追加
```

引数にstart_idxを追加し、左右の子の取得の計算式、3、4行目を修正します。また、2行目の動作確認用のdump関数にもstart_idxを指定します。また、11行目の再帰で呼び出している箇所も引数にstart_idxを指定します。

次に、ヒープ化処理も開始インデックスを指定するようにします。

コード 9-15

```
def heapify(my_list, start_idx):                                # ← 引数追加
    # 末尾のインデックス
    last_idx = len(my_list) - 1
    # 子を持つ最も深い要素のインデックス
    last_parent_idx = ((last_idx - start_idx - 1) // 2) + start_idx
    for i in reversed(range(start_idx, last_parent_idx + 1)):
        print("シフトダウン対象ノード:", my_list[i])
        shift_down(my_list, start_idx, i)                       # ← 引数追加
        print("------------------------------------------------")
```

3行目の子を持つ最も深い要素のインデックスの計算で、先ほどの式を使用するよう修正しています。あとは、メインの処理としてリストの前方から末尾のひとつ手前まで順にヒープ化を行う処理を実装して完成です。

コード 9-16

```
def heap_sort(my_list):
    # ソート対象のlist型変数
    for start_idx in range(0, len(my_list) - 1):
        print(f"=========={start_idx}番目以降のヒープ化開始==========")
        heapify(my_list, start_idx)                             # ← 引数追加
        print(f"=========={start_idx}番目以降のヒープ化終了==========")


data = [7, 6, 2, 3, 5, 4, 1]
heap_sort(data)
print(data)
```

実行すると、次ページのように0番目から順にヒープ化が行われソートが完了することが確認できます。

実行結果

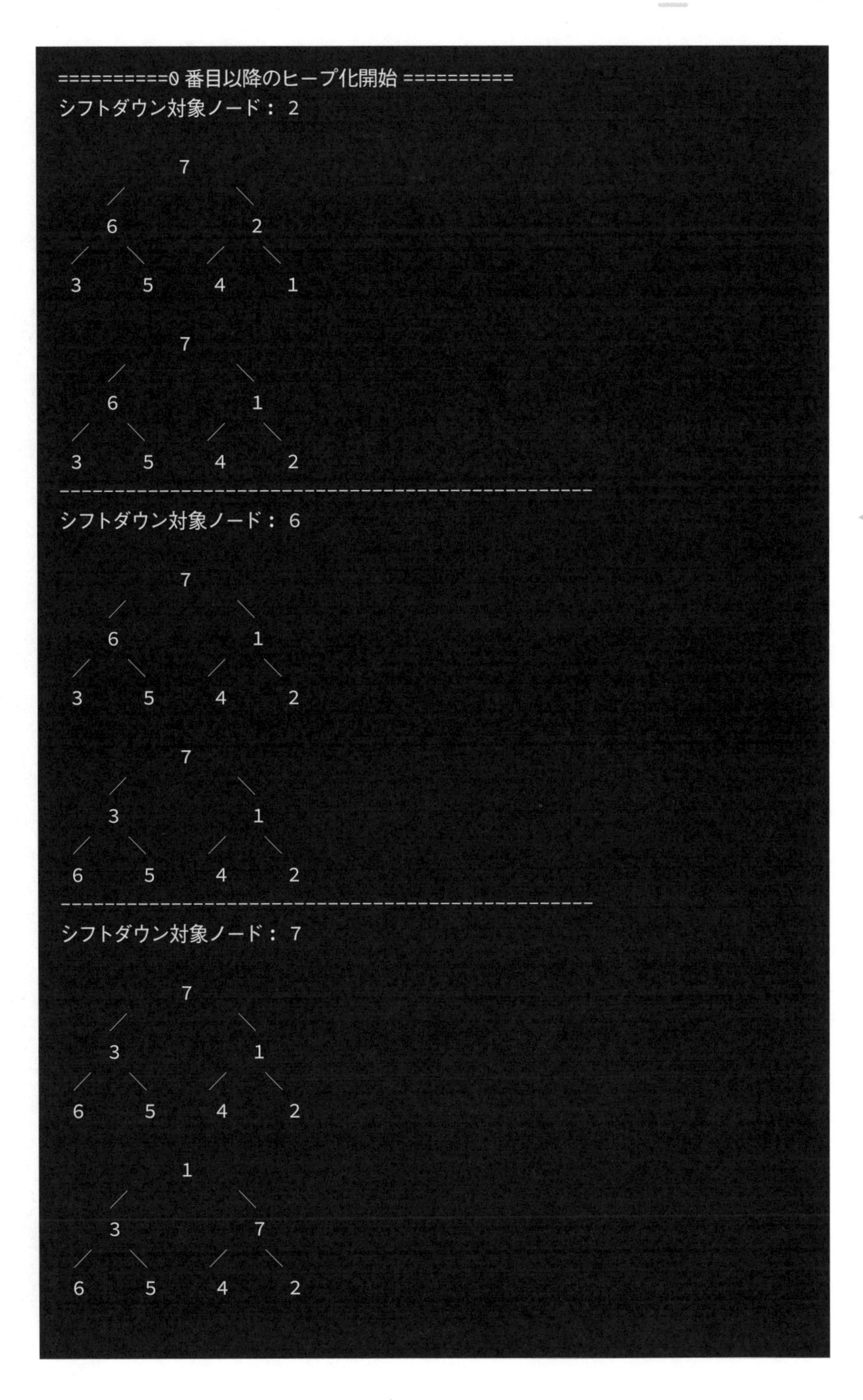

```
==========0 番目以降のヒープ化開始 ==========
シフトダウン対象ノード： 2

            7
      ／          ＼
      6            2
   ／   ＼     ／   ＼
  3      5    4      1

            7
      ／          ＼
      6            1
   ／   ＼     ／   ＼
  3      5    4      2
--------------------------------------------------
シフトダウン対象ノード： 6

            7
      ／          ＼
      6            1
   ／   ＼     ／   ＼
  3      5    4      2

            7
      ／          ＼
      3            1
   ／   ＼     ／   ＼
  6      5    4      2
--------------------------------------------------
シフトダウン対象ノード： 7

            7
      ／          ＼
      3            1
   ／   ＼     ／   ＼
  6      5    4      2

            1
      ／          ＼
      3            7
   ／   ＼     ／   ＼
  6      5    4      2
```

```
            1
      ／          ＼
    3               2
 ／   ＼        ／   ＼
 6       5       4       7
------------------------------------------------
==========0 番目以降のヒープ化終了 ==========
==========1 番目以降のヒープ化開始 ==========
シフトダウン対象ノード： 6

            3
      ／          ＼
    2               6
 ／   ＼        ／
 5       4       7
------------------------------------------------
シフトダウン対象ノード： 2

            3
      ／          ＼
    2               6
 ／   ＼        ／
 5       4       7
------------------------------------------------
シフトダウン対象ノード： 3

            3
      ／          ＼
    2               6
 ／   ＼        ／
 5       4       7

            2
      ／          ＼
    3               6
 ／   ＼        ／
 5       4       7
------------------------------------------------
==========1 番目以降のヒープ化終了 ==========
==========2 番目以降のヒープ化開始 ==========
シフトダウン対象ノード： 6
```

```
            3
       ／         ＼
     6            5
  ／   ＼
 4      7

            3
       ／         ＼
     4            5
  ／   ＼
 6      7
--------------------------------------------------
シフトダウン対象ノード： 3

            3
       ／         ＼
     4            5
  ／   ＼
 6      7
--------------------------------------------------
==========2 番目以降のヒープ化終了 ==========
==========3 番目以降のヒープ化開始 ==========
シフトダウン対象ノード： 5

            4
       ／         ＼
     5            6
  ／
 7
--------------------------------------------------
シフトダウン対象ノード： 4

            4
       ／         ＼
     5            6
  ／
 7
--------------------------------------------------
==========3 番目以降のヒープ化終了 ==========
==========4 番目以降のヒープ化開始 ==========
シフトダウン対象ノード： 5
```

```
      5
 ／    ＼
 6      7
---------------------------------------------
==========4 番目以降のヒープ化終了 ==========
==========5 番目以降のヒープ化開始 ==========
シフトダウン対象ノード: 6

      6
 ／
 7
---------------------------------------------
==========5 番目以降のヒープ化終了 ==========
[1, 2, 3, 4, 5, 6, 7]
```

ヒープソートの特徴

ヒープソートは、シフトダウンのようなヒープ化の処理で離れた位置の要素の交換が発生するため、安定ではありません。平均的計算量は $O(n \log n)$ となり、比較的早いソートとなります。また、最悪計算量が $O(n \log n)$ となり、初期状態に依存せずパフォーマンスが安定しているという特徴があります。

章末問題

Q1 木構造について正しい文章は次のうちどれか。

ア：　ノードとはデータを格納する要素のことを指す
イ：　エッジとはデータを格納する要素のことを指す
ウ：　多分木とは子の数が０～２までのものを指す
エ：　ルートとはノードとノードを結ぶリンクのことを指す

Q2 下図の木構造の関係について正しいものはどれか。

図 9-26

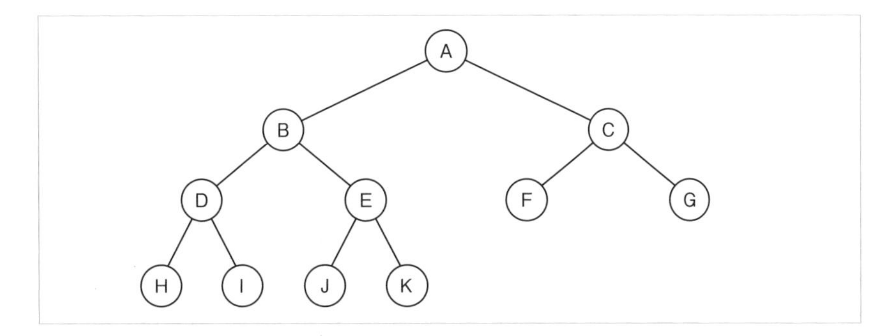

ア：　この木は二分木ではない
イ：　ルートノードはＢである
ウ：　ＤはＥの兄弟である
エ：　Ｈの親はＥである

Q3 下図の木について正しく解説した組はどれか。

図 9-27

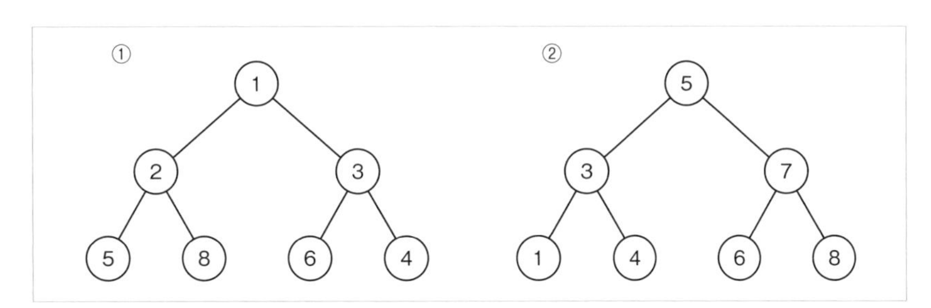

ア： ①は二分探索木、②はヒープ木である

イ： ①は二分探索木かつヒープ木、②はヒープ木である

ウ： ①はヒープ木、②はヒープ木、二分探索木のいずれでもない

エ： ①はヒープ木、②は二分探索木である

Q4 Pythonのlist型変数を使用して二分木を表現することにした。i番目の要素に対し以下の関係が成り立つものとする。

・ルートノードのインデックス：　`0`
・親ノードのインデックス：　`(i - 1) // 2`
・左側の子ノードのインデックス：　`i * 2 + 1`
・右側の子ノードのインデックス：　`i * 2 + 2`

この場合、以下の二分木を表したものはどれか。

ア：
```
[1, 4, 2, 3, 5, 6, 7]
```

イ：
```
[7, 6, 3, 2, 5, 4, 1]
```

ウ：
```
[3, 2, 4, 1, 6, 5, 7]
```

エ：
```
[7, 6, 5, 3, 2, 4, 1]
```

第10章

グラフ

前章で解説した木構造をさらに一般化したデータ構造に、グラフというものがあります。本章では、グラフとそれを活用した経路の検出や、最短経路を見つけるアルゴリズムについて解説します。

難易度 ★★★

10-1 グラフ

グラフとは、下図のように、ノードと呼ばれる要素がエッジと呼ばれる線で接続されたデータ構造を指します。

図 10-1

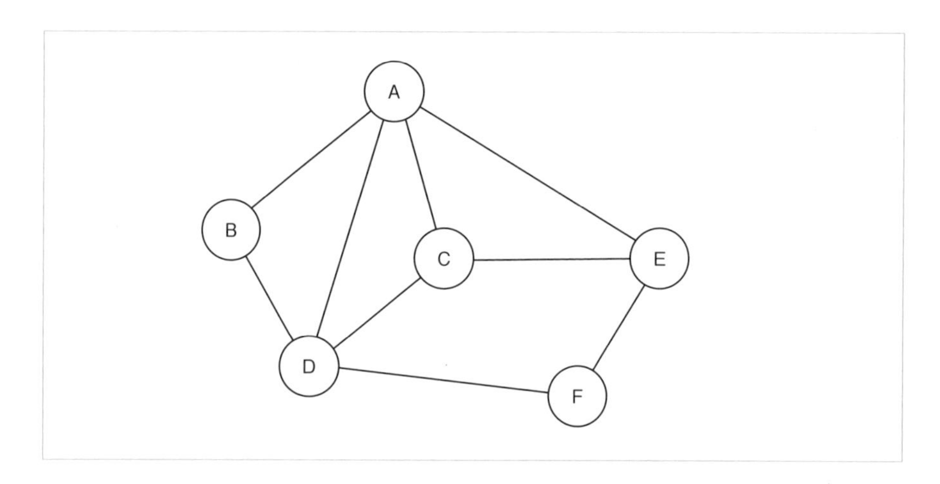

前節で解説した木構造は、グラフの一種とみなすことができます。交通や通信といったネットワークを表現することができ、循環や閉路、最短経路の検出など応用範囲が広く、多くの分野で活用されています。

難易度 ★★★

10-2 隣接行列

10-2-1 行列によるグラフの表現

例えば、4つの駅、A、B、C、Dが下図のような路線で結ばれていたとします。この場合、駅がノード、路線をエッジと考えるとグラフと見なすことができます。

図 10-2

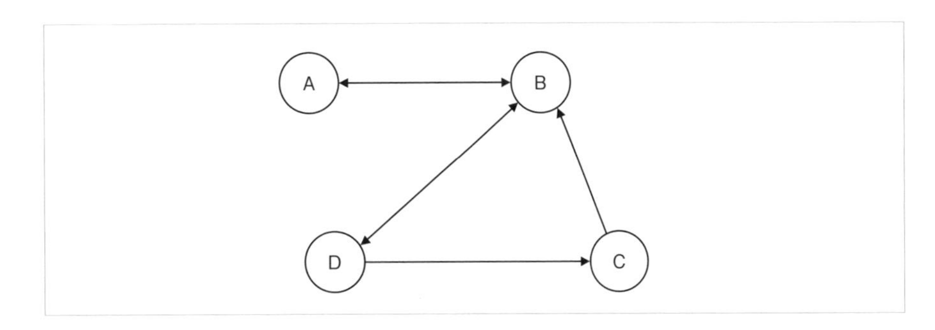

ノードBに着目するとA、Dに行けるがCには行けないといった具合に向きが定まっています。こういった向きがあるグラフのことを有向グラフと呼びます。一方、向きがないものは無向グラフと呼ばれます。

ところで、このグラフは下表のように数字を並べて表現することができます。

図 10-3

目的地 / 出発地

	A	B	C	D
A	0	1	0	0
B	1	0	0	1
C	0	1	0	0
D	0	1	1	0

例えば、1行目のデータに着目すると0、1、0、0となっていますが、これはAからはBにしか行けないことが表現されています。この表を行列とみなして演算することができます。また、このような行列によるグラフの表現方法を**隣接行列**と呼びます。

$$
\begin{pmatrix}
0 & 1 & 0 & 0 \\
1 & 0 & 0 & 1 \\
0 & 1 & 0 & 0 \\
0 & 1 & 1 & 0
\end{pmatrix}
$$

行列について後方ページで簡単に補足しているため、なじみがない方は適宜参照して読み進めてください。

10-2-2 行列の計算と経路数

行列の計算を活用することで、乗り換えを考慮した経路の有無の確認をすることができます。

行列の積と乗り換え

まず、積を活用する例について解説します。隣接行列同士の積で、1回乗り換えを行って往来が可能な経路数を確認することが可能です。さっそくPythonで積を求めてみましょう。行列計算は、通常NumPy等のサードパーティ製ライブラリを使用することが一般的なのですが、今回はライブラリを使わずに2重リストを使用することにします。

コード10-1

```
# 計算対象の行列
X = [[0, 1, 0, 0],
     [1, 0, 0, 1],
     [0, 1, 0, 0],
     [0, 1, 1, 0],
     ]

# 結果格納用
```

```
result = [[0, 0, 0, 0],
          [0, 0, 0, 0],
          [0, 0, 0, 0],
          [0, 0, 0, 0],
          ]

N = len(X)

# 以下A^2を計算する

# 行方向にループ
for i in range(N):
    # 列方向にループ
    for j in range(N):
        # 要素積を足し上げてi行j列の要素を計算する
        for k in range(N):
            result[i][j] += X[i][k] * X[k][j]

# 結果を表示
for r in result:
    print(r)
```


先ほどの行列を2重リストXで表現しています。これをループでi行j列の要素を順に計算しています。実行すると以下のように結果を得ることができます。

実行結果

```
[1, 0, 0, 1]
[0, 2, 1, 0]
[1, 0, 0, 1]
[1, 1, 0, 1]
```

この結果を表に戻すと下表のとおりとなります。

図 10-4

目的地

出発地	A	B	C	D
A	1	0	0	1
B	0	2	1	0
C	1	0	0	1
D	1	1	0	1

この表のA—Cのセルを見てみると0ですが、Aから1回乗り換えをしてCに到達する経路がないということになります。また、B—Bのセルは2となっていますが、これはBから1回乗り換えをしてBに戻ってくる経路がふたつあることを示しています。実際、B→A→B、B→D→Bの2とおりあります。

解説は省略しますが、2回積を計算すると2回乗り換えた場合の経路数が求まります。

10-2-3 行列の和と経路数

先ほどの結果からさらに元の行列との和を求めると、乗り換えなし、乗り換え1回をあわせた場合の経路数を確認することが可能です。先ほどのコードの続きで、以下を追記して実行してみましょう。

コード10-2

```
# 元の行列と足し算
# 結果格納用
result2 = [[0, 0, 0, 0],
           [0, 0, 0, 0],
           [0, 0, 0, 0],
           [0, 0, 0, 0],
           ]

for i in range(N):
    # 行方向にループ
    for j in range(N):
        # 列方向にループ
        result2[i][j] += X[i][j] + result[i][j]

# 結果を表示
print()
for r in result2:
    print(r)
```

2重ループで各要素ごとに足し算をしています。実行すると次ページのようになります。

実行結果

```
[1, 1, 0, 1]
[1, 2, 1, 1]
[1, 1, 0, 1]
[1, 2, 1, 1]
```

この結果を表に戻すと下表のとおりとなります。

図 10-5

目的地（列）／出発地（行）

	A	B	C	D
A	1	1	0	1
B	1	2	1	1
C	1	1	0	1
D	1	2	1	1

例えば、D—Bのセルの値は2ですが、これはDから出発してBに行く場合に乗り換えしない場合と、1回乗り換える場合とで、合計ふたつの経路が存在することが表現されています。実際、D→B、D→C→Bのふたつがあります。また、A—Cのセルの値は0ですが、これは乗り換えが1回以内では、AからCにたどり着くことができないことを表しています。

補足 行列の演算

詳細は線形代数学を学習していただきたいのですが、最低限の内容を簡単に補足します。数字や記号を矩形に並べたものを行列と呼びます。また、特定の条件を満たしている場合、行列同士を演算することが可能です。

$n \times n$の正方行列同士は足し算が可能で、以下のように定義することができます。

$$\begin{pmatrix} a_{11} & \cdots & a_{1n} \\ \cdots & \ddots & \cdots \\ a_{n1} & \cdots & a_{nn} \end{pmatrix} + \begin{pmatrix} b_{11} & \cdots & b_{1n} \\ \cdots & \ddots & \cdots \\ b_{n1} & \cdots & b_{nn} \end{pmatrix} = \begin{pmatrix} a_{11}+b_{11} & \cdots & a_{1n}+b_{1n} \\ \vdots & \ddots & \vdots \\ a_{n1}+b_{n1} & \cdots & a_{nn}+b_{nn} \end{pmatrix}$$

また、$n \times n$の正方行列同士は積算が可能で、以下で表すとした場合、

$$\begin{pmatrix} a_{11} & \cdots & a_{1n} \\ \cdots & \ddots & \cdots \\ a_{n1} & \cdots & a_{nn} \end{pmatrix} \cdot \begin{pmatrix} b_{11} & \cdots & b_{1n} \\ \cdots & \ddots & \cdots \\ b_{n1} & \cdots & b_{nn} \end{pmatrix} = \begin{pmatrix} c_{11} & \cdots & c_{1n} \\ \cdots & \ddots & \cdots \\ c_{n1} & \cdots & c_{nn} \end{pmatrix}$$

$c_{ij} = a_{i1} \times b_{1j} + a_{i2} \times b_{2j} \cdots a_{in} \times b_{nj}$となります。

難易度 ★★★

10-3 ダイクストラ法

10-3-1 ダイクストラ法

グラフを使用した重要なアルゴリズムのひとつに最短経路を見つける、というものがあります。例えば、始点のA地点から終点のH地点まで以下のように経路が接続されていたとします。

図 10-6

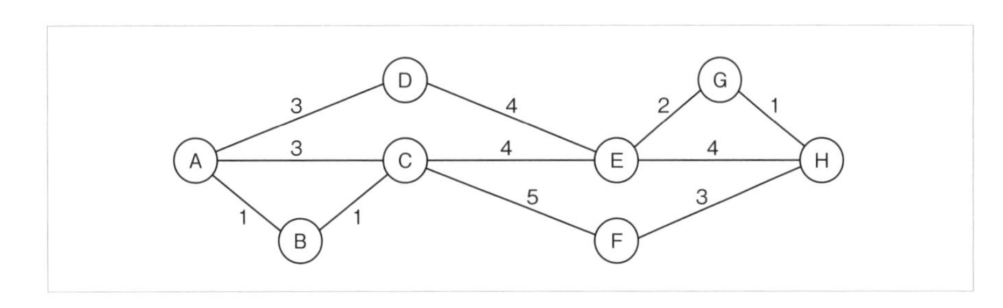

上の図は、各経路に数字が割り振られていますが、これは距離を表したものとします。例えば、C地点からE地点は4離れていることになります。

さて、A地点からH地点まで行く方法はいくつかありますが、そのなかで最短距離でたどり着くにはどの経路を使えばいいでしょうか？　こういった最短経路を求める代表的なアルゴリズムに、**ダイクストラ法**というものがあります。このアルゴリズムには多くのバリエーションがあるのですが、初歩的なものとして次ページのような方法があります。

なお、後ほど具体例をもって説明しますが、あるノードについて始点から最短距離が定まることを本書では**確定**と呼ぶことにします。文献によってはこの確定のことを「訪問済み」と記述している場合もあります。

1. 初期値として始点に0、その他のノードに∞（無限大）を設定する
2. 未確定のノードのなかから最小値をもつノードを選ぶと、これは最短距離として確定される
3. 2で確定したノードに隣接する未確定ノードに対し、始点からの最短距離を更新する
4. 未確定ノードがあれば2に戻る

ただし前提として始点から終点までは到達可能な経路が必ず存在し、距離は負の値を持たないものとします。また、今回の例は距離を使っていますが、距離以外に時間や料金といったものでも同様に扱うことができます*。

＊最も短時間の経路、最も安い経路、といった具合に活用することが可能です。

10-3-2 ダイクストラ法の具体例

では、先ほどの例で最短経路を探し出す手順を解説します。なお、各ノードについて、始点からの距離と、最短経路を使用した場合の直前のノードを管理するものとします。

①まず、各ノードの始点からの距離をいったんすべて∞とします。ただし、始点は始点からの距離が0であるため0となります。

図10-7

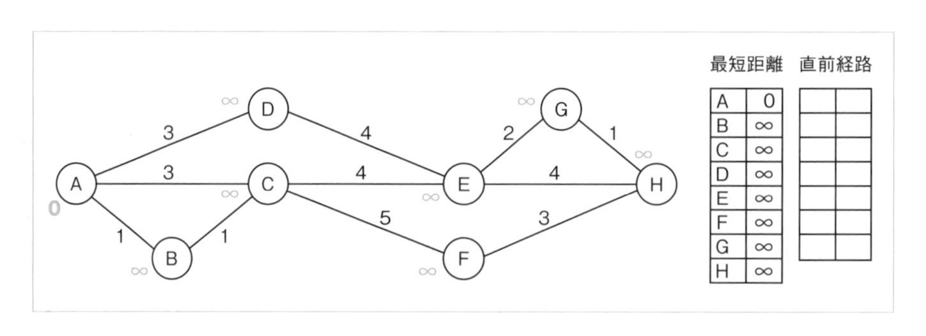

②次に、未確定のノードのなかから最小値を選んで「確定」とします。この場合は最小値0を持つノードAが確定となります。つまり、AからAへの最短距離が0と確定したわけです。また、ここで確定したノードに隣接するノードの始点からの距離を「更新」します。この場合はB、C、Dをそれぞれ∞から1、3、3に更新することになります。また、B、C、Dそれぞれの直前のノードはAとなります。

図 10-8

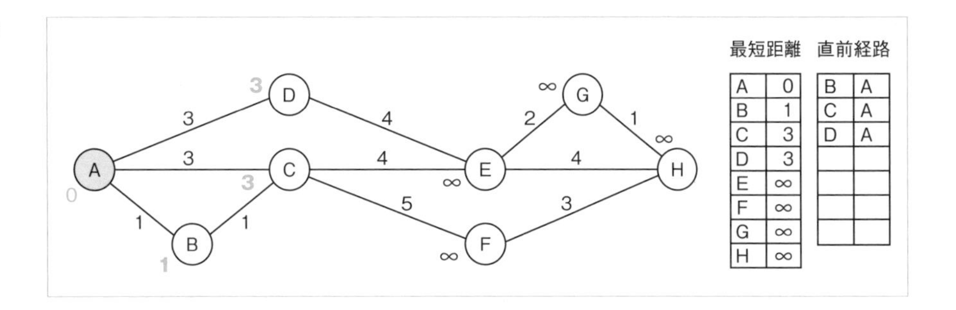

③再び未確定のノードのなかから最小値を選んで「確定」します。この場合は最小値1を持つノードBが確定します。実際、Bに行くにはA→B以外だとC、Dを経由する必要があるのですが、その場合は1以上かかるためAからBへの最短経路はA→B、距離が1と確定することができるわけです。
先ほどと同様に確定したノードに隣接するノードの始点からの距離を「更新」します。この場合はCを3から2に更新することになります。また、始点からCへの最短経路を通過する場合、直前のノードはBとなります。

図 10-9

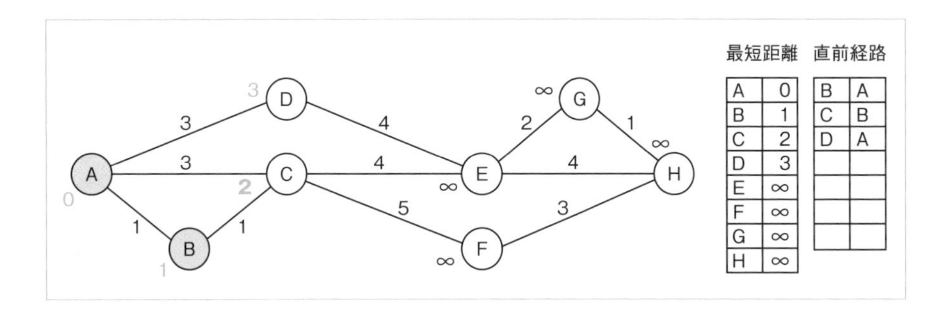

④再び未確定のノードのなかから最小値を選んで「確定」します。この場合は最小値2を持つノードCが確定します。また、確定したノードに隣接するノードの始点からの距離を「更新」します。

図 10-10

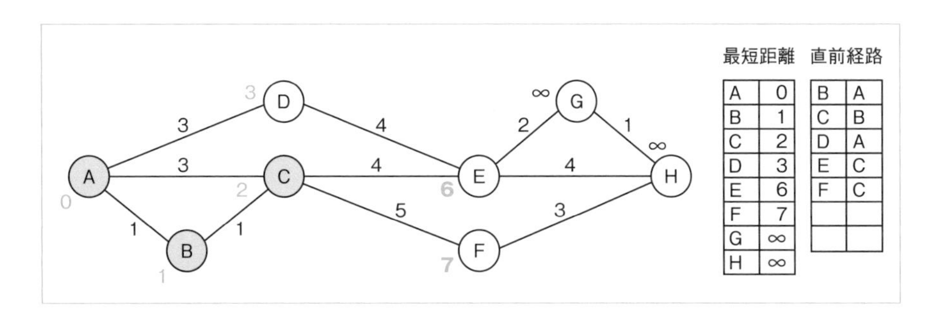

⑤さらに未確定のノードのなかから最小値を選んで「確定」します。この場合は最小値3を持つノードDが確定します。また、確定したノードに隣接するノードの距離を「更新」します（この場合、Dと接続するノードEはDを経由するより小さい値が設定されているため、値自体は更新前後で同じとなります）。

図 10-11

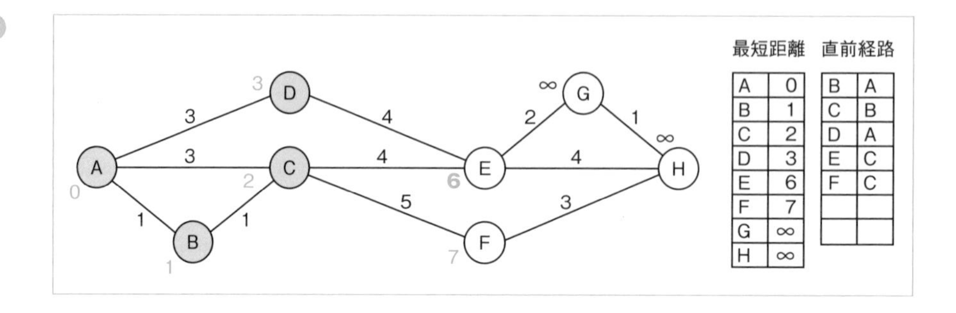

最短距離	
A	0
B	1
C	2
D	3
E	6
F	7
G	∞
H	∞

直前経路	
B	A
C	B
D	A
E	C
F	C

このように、始点から順に始点からの最短距離を確定させると、最終的には以下のようにすべての地点が確定した状態となります。

図 10-12

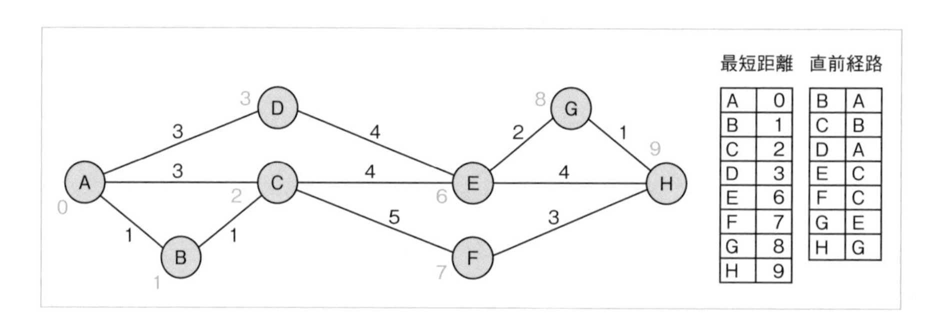

最短距離	
A	0
B	1
C	2
D	3
E	6
F	7
G	8
H	9

直前経路	
B	A
C	B
D	A
E	C
F	C
G	E
H	G

ここで、記録していた直前の経路を終点のHからたどると、H→G→E→C→B→Aが得られます。これを逆に並べ替えるとA→B→C→E→G→Hとなり、これがAからHへの最短経路となります。また、最短経路の距離は9となります。

10-3-3 ダイクストラ法の実装

dict型によるグラフの表現

まず準備として、グラフの表現方法について考えてみましょう。さまざまな方法があり、前節で使用した隣接行列を使用してもいいのですが、dict型でキーを地点、値にその地点からの距離のdict型を格納したものを使用すると、比較的平易に処理を記述することができます。例えば、先ほどの例は、以下のように記述することが可能です。

コード10-3

```
graph = {
    "A": {"B": 1, "C": 3, "D": 3},
    "B": {"A": 1, "C": 1},
    "C": {"A": 3, "B": 1, "E": 4, "F": 5},
    "D": {"A": 3, "E": 4},
    "E": {"C": 4, "D": 4, "G": 2, "H": 4},
    "F": {"C": 5, "H": 3},
    "G": {"E": 2, "H": 1},
    "H": {"E": 4, "F": 3, "G": 1},
}
```


例えば、D地点の場合、D—A間の距離が3で、D—E間の距離が4ということが表現されています。また、今回は距離なので行き来の値を同じにしていますが、所要時間のように行き来で異なる値を設定することも可能です。

ダイクストラ法の実装

次に、ダイクストラ法の処理本体の関数を実装してみましょう。引数に先ほどの形式でグラフを格納したdict型と、始点と終点を指定します。まずは初期値の設定からです。

コード10-4

```
import math


def calc_shortest_path(g, start, goal):

    # 最短経路が未確定のノード(ノードをキー、隣接ノードとの関係を表したdict型を値とするdict型)
    undetermined = dict(g)
    # ノードをキー、始点からの距離を値とするdict型
    node_distances = dict()
    # ノードをキー、ひとつ手前のノードを値とするdict型
    pre_nodes = dict()

    # 初期値として無限大を設定する
    for nodes in undetermined:
        node_distances[nodes] = math.inf
    # 開始地点に0を設定
    node_distances[start] = 0
```

undeterminedは最短経路が未確定のノードを格納したdict型として、指定されたグラフをもとにdict型変数を生成します。また、node_distancesが各ノードの始点からの距離、pre_nodesが各ノードの直前の経路を格納したdict型となります。また、各ノードの始点からの距離は初期値として∞を設定します。なお、∞はmathモジュールのinfを使用します。また、開始地点は0となります。

次に処理の中核となる手順の2～3を実装します。

2. 未確定のノードのなかから最小値をもつノードを選ぶと、これは最短距離として確定される
3. 2で確定したノードに隣接する未確定ノードに対し、始点からの最短距離を更新する

先ほどの関数の続きで以下を追記します。

コード10-5

```
def calc_shortest_path(g, start, goal):

    # ⋮
```

```
# 中略
# ⋮


# すべてのノードが確定するまで処理を行う
while undetermined:

    # 最短距離のダンプ
    print(node_distances)

    # 未確定ノードのなかで始点からの距離が最小のものを探し、これを確定済みとする
    minimum_node = None
    for node in undetermined:
        if minimum_node is None:
            minimum_node = node
        elif node_distances[node] < node_distances[minimum_node]:
            minimum_node = node

    # 確定したノードから直接つながっている未確定ノードに対し始点からの距離を更新する
    for node, distance in undetermined[minimum_node].items():
        if distance + node_distances[minimum_node] < node_distances[node]:
            # 始点からの距離を更新
            node_distances[node] = distance + node_distances[minimum_node]
            # 始点からそのノードに最短経路でたどる場合の直前のノードを格納
            pre_nodes[node] = minimum_node

    # minimum_nodeが確定したので未確定のなかから削除する
    undetermined.pop(minimum_node)
```

9行目のwhile文以降、未確定ノードを格納したdict型が空になるまで、つまりすべてのノードが確定するまでループで処理を行います。先ほどの例と同様で、15行目以降、未確定ノードのなかで最小のものは確定とさせます。その後、23行目からのfor文で、確定したノードから直接つながっている未確定ノードの始点からの距離と直前の経路を更新していきます。31行目で、確定したノードを未確定ノードを格納したdict型から削除します。

最後に、確定した最短距離と経路を表示させます。先ほどの関数の続きで次ページのコードを追記します。

コード 10-6

```
def calc_shortest_path(g, start, goal):

    # ⋮
    # 中略
    # ⋮

    # pre_nodesに基づき目的地から逆に最短経路を構築
    node = goal
    shortest_path = []
    while node != start:
        shortest_path.insert(0, node)
        node = pre_nodes[node]

    shortest_path.insert(0, start)

    if node_distances[goal] != math.inf:
        print('最短経路:', shortest_path)
        print('最短距離:', node_distances[goal])
```

直前経路を格納したdict型をゴール側からたどり、経路情報を組み立てます。ここまでの内容をまとめると、以下のようになります。

コード 10-7

```
import math


def calc_shortest_path(g, start, goal):

    # 最短経路が未確定のノード(ノードをキー、隣接ノードとの関係を表したdict型を値とするdict型)
    undetermined = dict(g)
    # ノードをキー、始点からの距離を値とするdict型
    node_distances = dict()
    # ノードをキー、ひとつ手前のノードを値とするdict型
    pre_nodes = dict()

    # 初期値として無限大を設定する
    for nodes in undetermined:
        node_distances[nodes] = math.inf
    # 開始地点に0を設定
    node_distances[start] = 0
```

```
    # すべてのノードが確定するまで処理を行う
    while undetermined:

        # 最短距離のダンプ
        print(node_distances)

        # 未確定ノードのなかで始点からの距離が最小のものを探し、これを確定済みとする
        minimum_node = None
        for node in undetermined:
            if minimum_node is None:
                minimum_node = node
            elif node_distances[node] < node_distances[minimum_node]:
                minimum_node = node

        # 確定したノードから直接つながっている未確定ノードに対し始点からの距離を更新する
        for node, distance in undetermined[minimum_node].items():
            if distance + node_distances[minimum_node] < node_distances[node]:
                # 始点からの距離を更新
                node_distances[node] = distance + node_distances[minimum_node]
                # 始点からそのノードに最短経路でたどる場合の直前のノードを格納
                pre_nodes[node] = minimum_node

        # minimum_nodeが確定したので未確定のなかから削除する
        undetermined.pop(minimum_node)


    # pre_nodesに基づき目的地から逆に最短経路を構築
    node = goal
    shortest_path = []
    while node != start:
        shortest_path.insert(0, node)
        node = pre_nodes[node]

    shortest_path.insert(0, start)

    if node_distances[goal] != math.inf:
        print('最短経路:', shortest_path)
        print('最短距離:', node_distances[goal])


graph = {
    "A": {"B": 1, "C": 3, "D": 3},
    "B": {"A": 1, "C": 1},
```

```
        "C": {"A": 3, "B": 1, "E": 4, "F": 5},
        "D": {"A": 3, "D": 4},
        "E": {"C": 4, "D": 4, "G": 2, "H": 4},
        "F": {"C": 5, "H": 3},
        "G": {"E": 2, "H": 1},
        "H": {"E": 4, "F": 3, "G": 1},
}

calc_shortest_path(graph, "A", "H")
```

実行すると、以下のとおり未確定だった距離が次々と更新される様子が確認できます。また、最終的な最短経路と距離を得ることができます。

実行結果

```
{'A': 0, 'B': inf, 'C': inf, 'D': inf, 'E': inf, 'F': inf, 'G': inf, 'H': inf}
{'A': 0, 'B': 1, 'C': 3, 'D': 3, 'E': inf, 'F': inf, 'G': inf, 'H': inf}
{'A': 0, 'B': 1, 'C': 2, 'D': 3, 'E': inf, 'F': inf, 'G': inf, 'H': inf}
{'A': 0, 'B': 1, 'C': 2, 'D': 3, 'E': 6, 'F': 7, 'G': inf, 'H': inf}
{'A': 0, 'B': 1, 'C': 2, 'D': 3, 'E': 6, 'F': 7, 'G': inf, 'H': inf}
{'A': 0, 'B': 1, 'C': 2, 'D': 3, 'E': 6, 'F': 7, 'G': 8, 'H': 10}
{'A': 0, 'B': 1, 'C': 2, 'D': 3, 'E': 6, 'F': 7, 'G': 8, 'H': 10}
{'A': 0, 'B': 1, 'C': 2, 'D': 3, 'E': 6, 'F': 7, 'G': 8, 'H': 9}
最短経路： ['A', 'B', 'C', 'E', 'G', 'H']
最短距離： 9
```

章末問題

Q1 グラフについて正しい文章は次のうちどれか。

ア： グラフは木構造の一種である
イ： グラフはエッジとノードから構成される
ウ： グラフを扱うには専用のクラスの設計が必要で、リストや辞書では表現できない
エ： ダイクストラ法を使用すると最短距離の経路を求めることができるが、最短時間の経路は求められない

Q2 下図のグラフは地点A、B、C、Dの接続関係を表している。下表の形式で行を出発地、列を目的地とみなした隣接行列で表現したい。

図 10-13

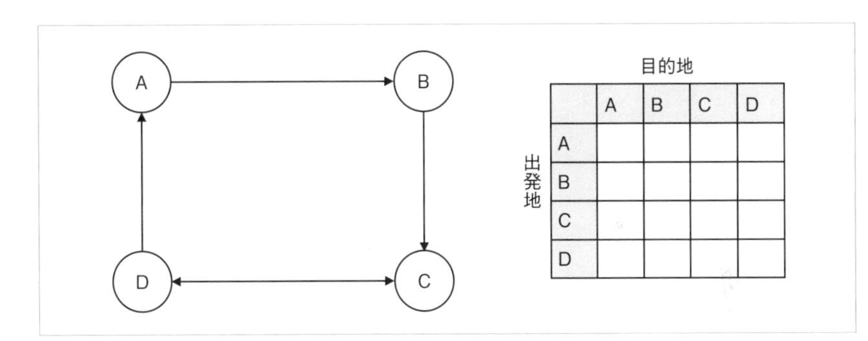

	A	B	C	D
A				
B				
C				
D				

Pythonの二重リストを使用した場合、正しいものはどれか。

ア：

```
X = [[1, 1, 1, 1],
     [0, 0, 0, 0],
     [0, 0, 0, 0],
     [0, 0, 0, 0],
     ]
```

イ：

```
X = [[1, 0, 0, 0],
     [1, 0, 0, 0],
     [1, 0, 0, 0],
     [1, 0, 0, 0],
     ]
```

ウ：

```
X = [[1, 1, 1, 1],
     [0, 0, 0, 1],
     [0, 0, 0, 1],
     [0, 0, 0, 1],
     ]
```

エ：

```
X = [[0, 1, 0, 0],
     [0, 0, 1, 0],
     [0, 0, 0, 1],
     [1, 0, 0, 0],
     ]
```

第 11 章

さまざまな アルゴリズム

ここまで、基本となるデータ構造とアルゴリズムについて解説してきました。この章では少し趣向を変えて、基本的な技術・アルゴリズムのなかから重要なものをピックアップして解説します。

難易度 ★☆☆

11-1 基数変換

コンピューターが処理を実行する際、その内部ではデータは2進数で取り扱われています。このため、2進数の学習は、アルゴリズムのみならずプログラミングの理解を深めるために欠かせないものと言えます。本節では、2進数の基礎と基数変換と呼ばれるアルゴリズムについて解説します。

11-1-1 10進数と2進数

私たちは普段の生活でものを数える際、**10進数**を使用します。10進数は小学校で習ったとおり、「0、1、2、3、4、……8、9、10」と小さい数から順に数えると、10のべき乗を超える段階で桁上りします。この結果、10進数で表された数字の各桁は0～9の数値となり、各桁の数と10のN乗の積の和で表すことができます。

例えば、10進数の123は$1 \times 10^2 + 2 \times 10^1 + 3 \times 10^0$と表すことができます。なお、任意の正の数の0乗は1となります。

2進数

2進数とは、2を超える段階で桁上りする数字の表現方法を指します。10進数と同様に数え上げていくと、「0、1、10、11、100」と2のべき乗を超える段階で桁上りすることになります。この結果、2進数の数字の各桁は0か1の数値となり、各桁の数と2のべき乗の積の和で表すことができます。

例えば、2進数の1011は$1 \times 2^3 + 0 \times 2^2 + 1 \times 2^1 + 1 \times 2^0$となり10進数だと11になります。

■ 2進数の例

$$0 = 0 \times 2^0$$

$$1 = 1 \times 2^0$$

$$11 = 1 \times 2^1 + 1 \times 2^0$$

$$101 = 1 \times 2^3 + 0 \times 2^1 + 1 \times 2^0$$

11-1-2 基数変換

たいていのコンピューターは、内部的には、電気的なON/OFFのふたつの状態の組み合わせでデータを保持したり計算したりします。このしくみのため、冒頭で述べたとおり2進数が使用されます。一方、私たちが普段使う数値のデータのほとんどは10進数で扱われます。前述のとおり、私たちは普段10進数を使用するため、10進数から2進数、またはその逆といった処理が必要となりますが、こういった別の進数に変換する処理のことを**基数変換**と呼びます。**基数**とは繰り上がりの基準値のことで、10進数の場合は10、2進数の場合は2がそれぞれ基数となります。**底**と呼ばれることもあります。

11

基数変換のアルゴリズム

まず、10進数を2進数に変換するアルゴリズムについて考えてみます。よく知られた基数変換のアルゴリズムとして、「商が0になるまで2で割り算を繰り返し、それぞれの余りを逆に並べる」という方法があります。具体例で確認してみましょう。例えば、10進数の234を2進数に変換する場合、以下のようになります。

図 11-1

234	÷	2	=	117	・・・	0
117	÷	2	=	58	・・・	1
58	÷	2	=	29	・・・	0
29	÷	2	=	14	・・・	1
14	÷	2	=	7	・・・	0
7	÷	2	=	3	・・・	1
3	÷	2	=	1	・・・	1
1	÷	2	=	0	・・・	1

上から順に計算

下から順に並べる

このアルゴリズムをPythonで実装してみましょう。なお、2進数は解説の都合のため数値ではなく文字列で表すことにします。また、組み込み関数にも同様の処理が用意されていますので後ほど紹介します。

コード 11-1

```
def digit_to_bin(digits):
    divided = digits
    result = []
    while divided:
        print(divided, "/ 2 = ", end="")
        mod = divided % 2
        result.insert(0, str(mod))
        divided = divided // 2
        print(divided, "・・・", mod)

    print("".join(result))


digit_to_bin(234)
```

digit_to_bin関数は、引数で指定した数値を2進数の文字列に変換します。先ほどの解説のとおり、商が0になるまで2で割り算を繰り返し、その際の余りをlist型変数のresultの先頭に挿入します。結果として逆に並べた余りを得ることができます。最終的に11行目で文字列に変換して結果を出力します。

実行すると、以下のように割り算が繰り返される様子が確認でき、結果として先ほどと同様の結果が得られることがわかります。

実行結果

```
234 / 2 = 117 ・・・ 0
117 / 2 = 58 ・・・ 1
58 / 2 = 29 ・・・ 0
29 / 2 = 14 ・・・ 1
14 / 2 = 7 ・・・ 0
7 / 2 = 3 ・・・ 1
3 / 2 = 1 ・・・ 1
1 / 2 = 0 ・・・ 1
11101010
```

11-1-3 1バイトと16進数

前述のとおり、コンピューターは内部的に2進数でデータを扱っているのですが、コンピューター内部で扱う2進数の桁ひとつ分のデータを**1ビット**と呼びます。通常コンピューターで行われる処理で扱われるデータは8ビットをひとつのまとまりとして扱い、この1まとまりを**1バイト**と呼びます。つまり、1バイトは8ビットというわけですね。1バイト、つまり8ビットは2進数の8桁に相当します。また、16進数は2桁で1バイトを表現することができるため、バイトデータを表す際によく使用されます。

補足 文字コードとバイト

文字を2進数で表現する場合、1バイトで$2^8 = 256$種類の文字を割り当てることができます。アルファベットのような文字数の少ない文字体系では、1バイトですべての文字を表すことが可能で、**ASCII**と呼ばれる**文字コード**は1文字が1バイトとなります。また、日本語のように文字数が多いものは1文字でも複数バイトが必要になります。

16進数の表し方

16進数を人が扱う場合、以下のような対応付けで表現します。10以上の数は10進数の1桁で表すことができないため、A～Fのアルファベットを割り当てているわけです。

10進数	0	1	2	3	4	5	6	7	8	9	10	11	12	13	14	15
16進数	0	1	2	3	4	5	6	7	8	9	A	B	C	D	E	F

例えば、16進数の**2F7**は10進数で表すと、

$$2 \times 16^2 + 15 \times 16^1 + 7 \times 16^0 = 759$$

となります。

16進数の例

$$E = 14$$
$$3A = 3 \times 16^1 + 10 \times 16^0 = 58$$
$$BF = 11 \times 16^1 + 15 \times 16^0 = 191$$
$$FFF = 15 \times 16^2 + 15 \times 16^1 + 15 \times 16^0 = 4095$$

16進数への基数変換

では、10進数から16進数にする場合はどうすれば良いでしょうか？　実は、先ほど紹介したアルゴリズムは基数によらず一般化されています。16進数で試してみましょう。ただし、9を超えた場合、A～Fに変換するロジックの追加が必要となります。このため、先ほどの表をもとに以下のような変換辞書を用意することにします。

コード11-2

```
conv_table = {0: '0', 1: '1', 2: '2', 3: '3', 4: '4', 5: '5',
              6: '6', 7: '7', 8: '8', 9: '9', 10: 'A', 11: 'B',
              12: 'C', 13: 'D', 14: 'E', 15: 'F'}
```

conv_tableは10進数の0～15をキー、16進数の0～Fを値としたdict型です。0～15の10進数をgetで指定すると、対応する16進数を得ることができます。以下は11に対応する16進数を取得しています。

コード11-3

```
hex_str = conv_table.get(11)
print(hex_str) # B
```

では実装してみましょう。

コード11-4

```
conv_table = {0: '0', 1: '1', 2: '2', 3: '3', 4: '4', 5: '5',
              6: '6', 7: '7', 8: '8', 9: '9', 10: 'A', 11: 'B',
              12: 'C', 13: 'D', 14: 'E', 15: 'F'}


def digit_to_hex(digits):
```

```
    divided = digits
    result = []
    while divided:
        print(divided, "/ 16 = ", end="")
        mod = divided % 16
        mod_hex = conv_table.get(mod)
        result.insert(0, mod_hex)
        divided = divided // 16
        print(divided, "・・・", mod)

    print("".join(result))


digit_to_hex(759)
```

2進数のときとは異なり剰余の範囲が0～15となっています。このため、剰余を求めた後、先ほどの変換辞書を使用して変換処理を行います。それ以外は、先ほどのコードとまったく同じように実装できていることが確認できます。

実行結果

```
759 / 16 = 47 ・・・ 7
47 / 16 = 2 ・・・ 15
2 / 16 = 0 ・・・ 2
2F7
```

組み込み関数による基数変換

Pythonではプレフィックスに0bを付加すると2進数、0xを付加すると16進数として扱われます。

コード11-5

```
x = 0b11101010
y = 0x2F7
print(x)
print(y)
```

実行結果

```
234
759
```

また、前述のとおり、Pythonには基数変換の組み込み関数が用意されています。bin、hexは引数で指定した10進数の数値をそれぞれ2進数、16進数の文字列に変換して返します。

- bin(int) -> str
- hex(int) -> str

以下のコードでは、10進数1234567890をそれぞれ2進数、16進数の文字列に変換して表示しています。

コード11-6

```
x = 1234567890
bin_x = bin(x)
print(bin_x)

hex_x = hex(x)
print(hex_x)
```

実行結果

```
0b1001001100101100000001011010010
0x499602d2
```

一方、組み込み関数のintは、第2引数に基数を指定して、第1引数で指定したn進数の文字列を10進数に変換することが可能です。例えば、以下のコードでは2進数、16進数の文字列をそれぞれ10進数に変換しています。

コード 11-7

```
x = int("0b1001001100101100000001011010010", 2)
y = int("0x499602d2", 16)
print(x)
print(y)
```

実行すると、以下のとおり先ほどと逆の結果を得ることができます。

実行結果

```
1234567890
1234567890
```

難易度 ★☆☆

11-2 データの圧縮

圧縮とは完全に、あるいはある程度の情報量を保ったままサイズを減らして、別のデータに変換する処理を指します。また、圧縮したデータをもとに戻すことを展開と呼びます。同じデータでも、データを圧縮することで記憶領域や通信量を節約することができます。圧縮するためのアルゴリズムはさまざまなものがあるのですが、本書では初歩的なふたつの圧縮アルゴリズム、ランレングス符号化とハフマン符号化について解説します。

11-2-1 ランレングス符号化

ランレングス符号化とは、連続した同一データに対し、そのデータと長さの組で表現することによりデータを圧縮します。例えば、以下のようなデータがあったとします。

実行結果

```
AAAAAAAAAABBBBBCCCCCCCC
```

それぞれをデータと個数の組で表すとそれぞれAが10、Bが5、Cが8と連続しているため、以下のように圧縮することが可能です。

図11-2

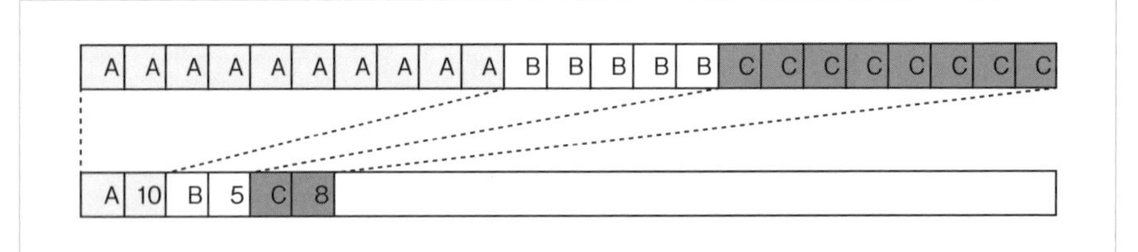

以下は、文字列をランレングス符号化で圧縮する処理を表したPythonコードになります。

コード 11-8

```
def my_rle(my_string):
    """ 指定した文字列をランレングスで圧縮する """

    # 圧縮結果を格納するリスト
    result_list = []

    # 各データの個数を格納するカウンタ
    counter = 1

    pre_char = my_string[0]  # 0番目の文字をあらかじめ格納

    # 1番目の文字からループ処理を行う
    for char in my_string[1:]:

        # ひとつ前の文字と等しい場合、カウンタをインクリメントする
        if char == pre_char:
            counter += 1
        else:
            result_list.append((pre_char, counter))
            counter = 1
        pre_char = char

    # 最後の文字とそのカウンタの値を格納する
    result_list.append((pre_char, counter))
    print(result_list)


my_rle("AAAAAAAAAABBBBBCCCCCCCC")
```

my_rle関数は、引数で指定した文字列をランレングス符号化で圧縮し、**(文字, 文字数)**のタプルのリストで結果を表示します。13行目のループで、文字列の0から数えて1文字目から順に処理を行います。また、ループ内の16行目でひとつ前の文字と等しいかどうかを確認し、等しい場合は文字数を格納する変数counterをインクリメントし、連続した文字数の計上を行います。

実行結果

```
[('A', 10), ('B', 5), ('C', 8)]
```

ファクシミリはモノクロデータの転送で白もしくは黒のデータの連続が多いため、ランレングス圧縮を応用した圧縮法が使用されています。一方、連続しないデータが多い場合、圧縮効率が著しく低下し、場合によっては元のデータより大きくなってしまいます。このため、現代では使用されることはほとんどありません。

符号と符号化

先ほどの圧縮では、`"AAAAAAAAAABBBBBCCCCCCCC"`という文字列が、`('A', 10)`や`('B', 5)`といった元のデータとは異なる形式に変換されました。圧縮処理において、こういった変換後の個々のデータを**符号**と呼びます。また、符号に変換することを**符号化**と呼びます。

難易度 ★★★

11-3 ハフマン符号化

ハフマン符号化は、出現頻度の高いデータに小さなビット列を、出現頻度の低いデータには大きいビット列を割り当てる符号化です。ランレングス符号化は、連続したデータが多い場合しか効果を発揮しませんでしたが、ハフマン符号化のほうはさまざまな圧縮方式で応用されています。例えば、Windowsでよく使用されるZIP圧縮はデフレート（Deflate）と呼ばれるアルゴリズムが使用されていますが、これはハフマン符号化を応用したものです。

11-3-1 圧縮処理

例えば、以下のような16バイトの文字データがあったとします。

```
BDDAAAABACEBBBAA
```

それぞれの文字の頻度を集計すると、下表のとおりとなります。この頻度に応じてビット列を割り当てます。この割り当てられたビット列のことを符号と呼びます。

文字	頻度	符号
A	7	1
B	5	00
D	2	010
C	1	0110
E	1	0111

この符号の割り当て方法は後ほど解説しますが、冒頭で述べたとおり高頻度のものが短く、頻度の低いものに長いものが割り当てられている点に注目してください。この割り当てられた符号で圧縮処理を行います。

以下のコードは、この表で割り当てた符号で文字列を符号化しています。なお、ビット列は通常bytes型と呼ばれるバイト単位で扱うのですが、8bit単位となるため桁数が足りない場合は0埋めなどの処理が必要となることや、結果の確認のため2進数への変換といった手間がかかることから、文字列を使用することにします。

コード 11-9

```
def compress(text, codes):
    compressed = ""
    for c in text:
        code = codes.get(c)
        compressed += code
    return compressed


def main():
    text = "BDDAAAABACEBBBAA"
    codes = {'A': '1', 'B': '00', 'D': '010', 'C': '0110', 'E': '0111'}
    compressed = compress(text, codes)
    print(compressed)


main()
```

コードの解説です。main関数の変数codesで先ほどの表の内容をdict型で割り当てします。文字をキーとし、それに対応する符号を値とします。compress関数ではテキストと符号の割り当てのdict型を指定し、それに基づいて変換した文字列を構築しています。実行すると、元々16バイト、つまり128bitあった文字データが以下のとおり31bitまで圧縮されました。実際は展開のため変換用のデータも付加する必要があるのですが、いずれにせよそれなりにデータ量が小さくなったことが感覚的にわかると思います。

実行結果

```
0001001011110010110011100000011
```

11-3-2 展開処理

割り当てられたとおりに変換を行うとデータサイズが小さくなることはわかるかと思いますが、ではこのデータをどうやってもとに戻せばいいのでしょうか？　割り当てた符号をもとに戻すことを**復号**や**デコード**と呼ぶのですが、カンマやスペースといった区切り文字がないため、一見すると復号が難しそうに感じるかもしれません。この展開方法がハフマン符号化のすごいところでもあるのですが、実は単純に順にビット列を読み込み、一番最初に合致した符号で元に戻すことを繰り返すだけで展開することが可能です。

例えば、先ほどのビット列は`000100`……となっていますが、まず、先頭の`0`を取り出します。`0`に対応する符号がないため、次に`0`を取り出し`00`に対応するものを調べると`B`に復号することができます。さらに続けて`0`、`1`、`0`と取り出すと`D`に復号できます。これを繰り返すことで全体を復号して展開することができるというわけです。

以下は、先ほどのハフマン符号化で圧縮したビット列を展開するコードです。

コード 11-10

```
def decompress(compressed, codes):
    swapped_codes = {v: k for k, v in codes.items()}
    decompressed = ""
    code = ""
    for c in compressed:
        code += c
        value = swapped_codes.get(code)
        if value:
            decompressed += value
            code = ""

    print(decompressed)


def main():
    codes = {'A': '1', 'B': '00', 'D': '010', 'C': '0110', 'E': '0111'}
    compressed = "000100101111001011001110000001１"
    decompress(compressed, codes)


main()
```

実行すると、以下のように元のデータに展開できることが確認できます。

実行結果

```
BDDAAAABACEBBBAA
```

コードの解説です。圧縮の際は文字に対応する符号を引き当てる必要がありましたが、展開の際はこれと逆の処理、つまり符号に対する文字を引き当てる必要があります。このため、2行目で辞書内包表記を使用してdict型のキーと値を反転させる処理を行っています。その後、1文字ずつ取り出し、合致する符号をgetで探し、なければ次の文字を取り出しつなげてまた合致する符号を探す、という処理を繰り返して展開を行っています。

11-3-3 符号化処理

次に、後回しにしていた符号化のアルゴリズムについて解説します。

頻度集計

まず、前述のとおり頻度が多いものに短い符号、頻度が少ないものに長い符号を付与するため、その文字ごとの頻度を集計する必要があります。以下のコードは指定された文字列の文字ごとの頻度を集計し、集計結果を降順で返す関数です。

コード11-11

```
def aggregate_frequency(text):
    freq: dict = dict()
    for c in text:
        freq[c] = freq.get(c, 0) + 1

    return sorted(freq.items(), key=lambda item: item[1], reverse=True)


freq_list = aggregate_frequency("BDDAAAABACEBBBAA")
print(freq_list)
```

実行すると、次ページのように文字、頻度の順で格納されたタプルのリストが返されます。

実行結果

```
[('A', 7), ('B', 5), ('D', 2), ('C', 1), ('E', 1)]
```

4行目までで文字をキー、頻度を値とした辞書を構築しています。6行目は、少し複雑なので分解して解説します。まず、辞書型のitems()でキー、値が格納されたタプルのイテレーターが返されます。また、組み込みのsorted関数は引数にイテラブルなものを指定するとソートしたリストを返しますが、この際引数key、reverseでタプルの1番目の成分を降順でソートするよう指定しています。

ハフマン木

次に、処理の中核である**ハフマン木**と呼ばれる木構造を構成します。構成方法はいくつかあるのですが、本書では各ノードは以下の情報を持つものとします。

・シンボル
・頻度

シンボルは木を構成するノードを表す文字を指すものとします。また、**頻度**というのは便宜上つけられた名前であり、リーフ以外は頻度としての意味はなくただの数字だと考えてください。では、このハフマン木の構築方法を具体例で解説します。なお、各文字の頻度はこれまでの例と同様に以下のとおりとします。

文字	頻度
A	7
B	5
D	2
C	1
E	1

まず、各文字をシンボルとしたノードを頻度順に並べます。次ページの図の四角ひとつがノードを表し、ノードの上段がシンボル、下段が頻度となります。また、並べただけなのでいずれのノードにも親と子がありません。

図 11-3

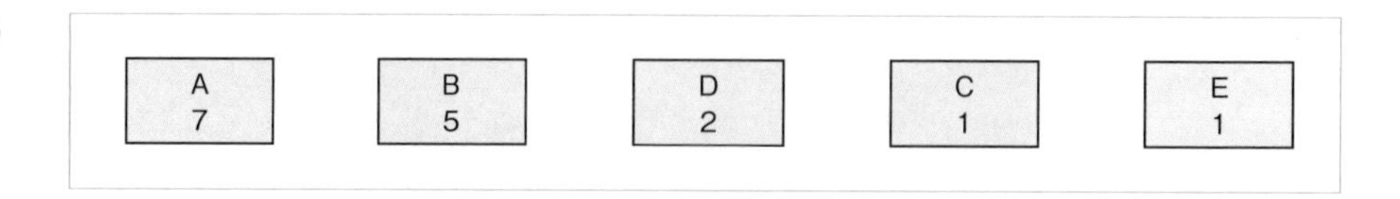

ここから「親がないノードのなかから小さいものを順にふたつ取り出し、親ノードを生成する」という処理を繰り返します。なお、親ノードのシンボルは子ノードのシンボルを結合したものとし、頻度は子ノードの頻度の合計とします。

では具体的に見ていきましょう。まず、親がないノードのなかから小さいものを順に取り出すとC、Eとなります。このふたつの親となるCEを生成することになります。

図 11-4

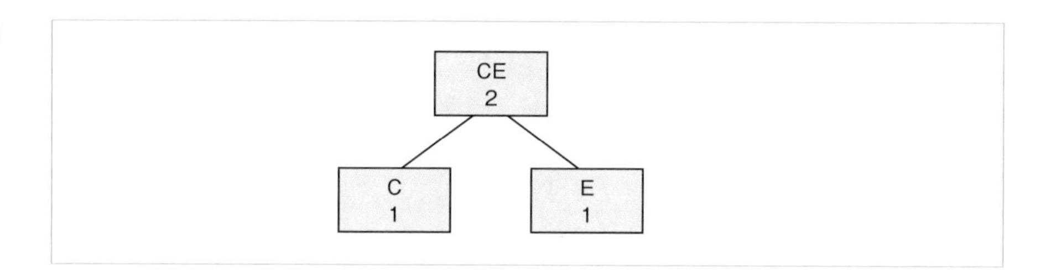

この時点で、生成したCEを含めた親のないノードを頻度順に並べると以下のとおりとなります。

図 11-5

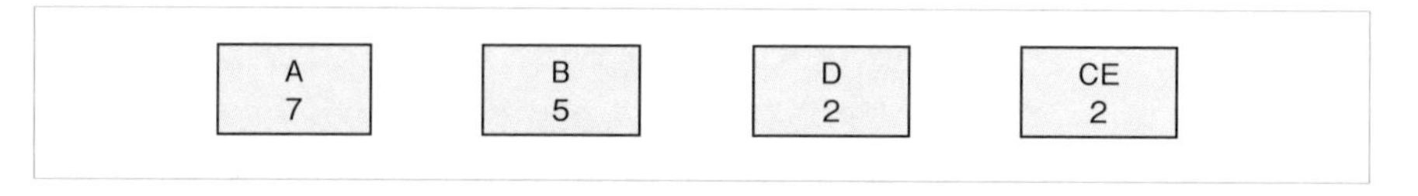

さらに親がないノードのうち最も小さいふたつを選び、このふたつに基づき親ノードを生成します。D、CEの親を生成することになります。

図 11-6

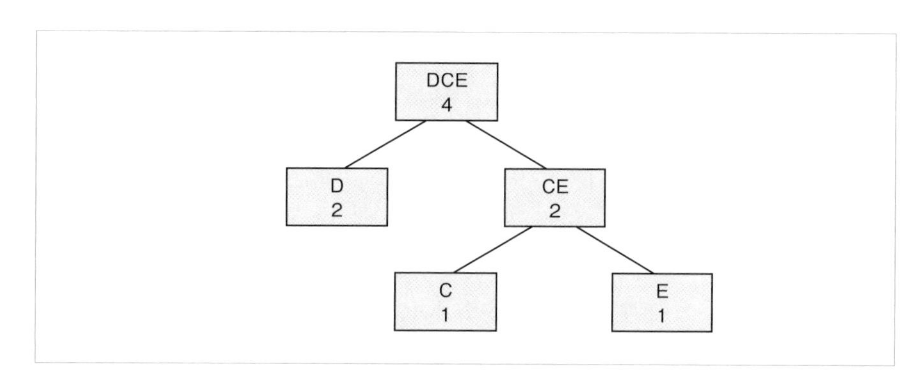

この時点で、生成したDCEを含めた親のないノードを頻度順に並べると、以下のとおりとなります。

図 11-7

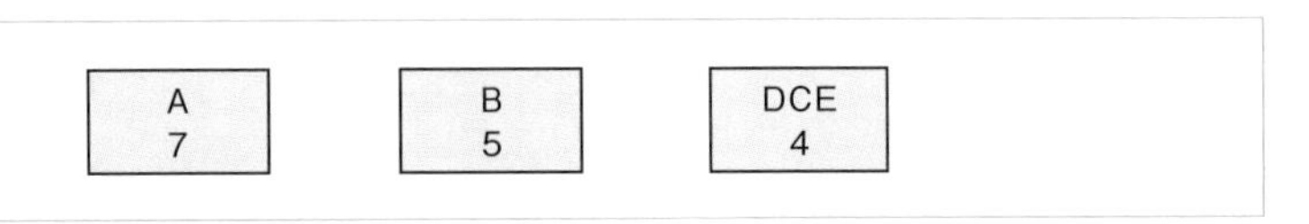

同様に処理を続けます。親がないノードのうち最も小さいふたつB、DCEのノードの親を生成することになります。

図 11-8

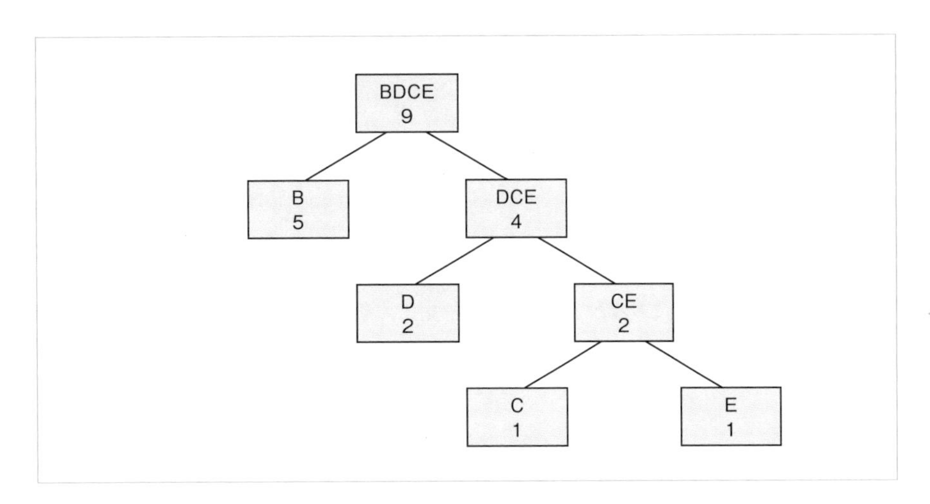

この時点で、生成したBDCEを含めた親のないノードを頻度順に並べると、以下のとおりとなります。

図 11-9

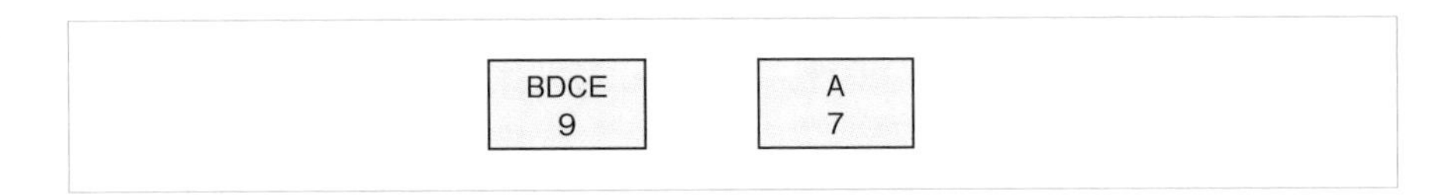

親がないノードがひとつになるまで続けます。BDCE、Aのノードの親を生成することで、最終的に次ページの図のような木構造が構築されます。

図 11-10

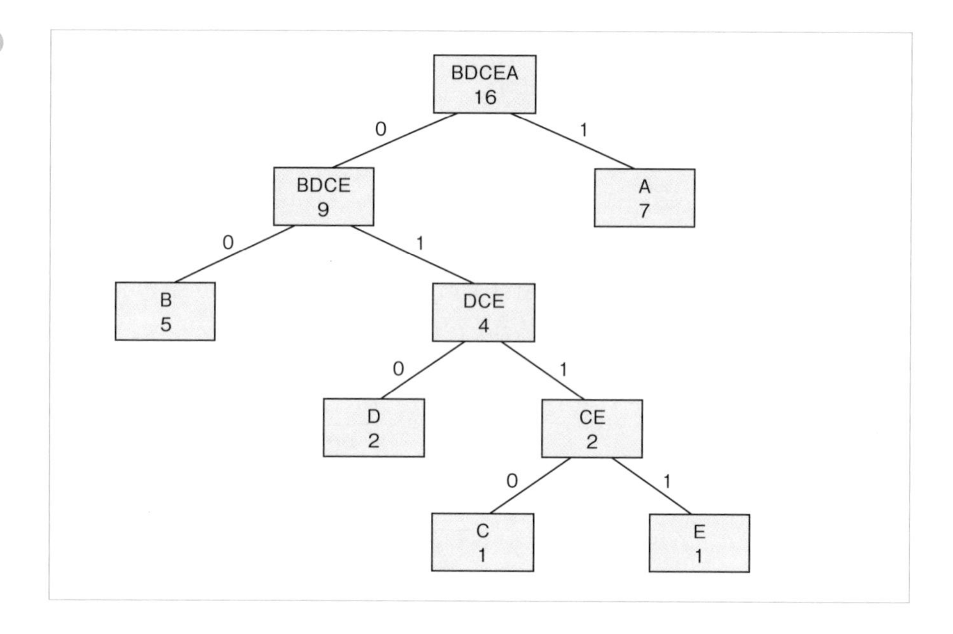

この際、左側に0、右側に1を割り当てることにより符号化することができます。例えばDの場合は、上から0→1→0なので010と符号化することができます。

ハフマン符号化の実装

では実装です。まずはノードを表すクラスからです。

コード 11-12

```
class Node:
    def __init__(self, symbol, freq, left=None, right=None):
        # シンボル
        self.symbol = symbol

        # 頻度
        self.freq = freq

        # 左子
        self.left = left

        # 右子
        self.right = right

        # 符号 (0 or 1)
        self.code = ''
```

```
    def __lt__(self, other):
        # 比較演算の定義
        return self.freq < other.freq

    def __str__(self):
        return self.symbol
```

シンボルと頻度に加え、左右の子ノードと符号を格納する属性を定義します。18行目に__lt__というメソッドがありますが、これは**特殊メソッド**と呼ばれるもののひとつで、ノードの頻度の大小関係を比較することができるようになります。この特殊メソッドについては巻末に補足していますので、適宜参照してください。

次に、構築したハフマン木を辞書として出力する関数を作成します。

コード 11-13

```
def build_code_dict(node, parent_code, result_dict):
    """
    頂点ノードから再帰的にハフマン符号化の符号辞書を構築する
    """
    current_code = parent_code + node.code

    # 左右いずれかに子がある場合、再帰的に処理を行う
    if node.left:
        build_code_dict(node.left, current_code, result_dict)
    if node.right:
        build_code_dict(node.right, current_code, result_dict)

    # 子がない場合はリーフノードなので結果をresult_dictに格納する
    if not (node.left or node.right):
        result_dict[node.symbol] = current_code

left_node = Node('C', 1)
right_node = Node('E', 1)
parent_node = Node('CE', 2)
parent_node.left = left_node
parent_node.right = right_node
parent_node.left.code = "0"
parent_node.right.code = "1"
result_dict = dict()
build_code_dict(parent_node, "", result_dict)
print(result_dict)
```

引数にノード、親ノードの符号と結果を格納する辞書を指定すると、指定したノード配下を再帰的にたどりハフマン符号化の結果を返します。再帰処理の結果を格納するために、このような引数になっています。呼び出し側はシンボルがC、E、CEの3つのノードからなる小さなハフマン木を生成し、結果を確認しています。実行すると、以下のようにリーフノードのハフマン符号化の結果が表示されます。

実行結果

```
{'C': '0', 'E': '1'}
```

では、以上をあわせてハフマン木の構築処理を実装してみましょう。

コード 11-14

```
def build_huffman_tree(text):

    # 頻度のリスト
    freq_list = aggregate_frequency(text)

    # ノード格納用のリスト
    nodes = []

    # ノードリストを構築
    for symbol, freq in freq_list:
        node = Node(symbol, freq)
        nodes.append(node)

    # ループ処理でハフマンツリーを構築(要素数が2以上の間ループを継続する)
    while 2 <= len(nodes):

        # 降順にソート
        nodes = sorted(nodes, reverse=True)

        # 要素を末端からふたつ取り出す
        right = nodes.pop(-1)
        left = nodes.pop(-1)

        # それぞれのノードに符号を割り当て(左=0、右=1)
        left.code = "0"
        right.code = "1"

        # 親ノードparentを生成
        # 子のシンボルを結合したものを親のシンボルとする
        parent_symbol = left.symbol + right.symbol
```

```
        # 子の頻度を合算したものを親の頻度とする
        parent_freq = left.freq + right.freq
        parent = Node(parent_symbol, parent_freq, left, right)

        # ノードリストの末尾にparentを追加する
        nodes.append(parent)


    # ここで符号化が完了
    root = nodes[0]

    # 以下、符号化結果を表示
    result_dict = dict()
    build_code_dict(root, "", result_dict)
    print(result_dict)


build_huffman_tree("BDDAAAABACEBBBAA")
```


実行すると、以下のようにハフマン符号化の結果を得ることができます。

実行結果

```
{'B': '00', 'D': '010', 'C': '0110', 'E': '0111', 'A': '1'}
```

コードの解説です。12行目までが文字列を集計し、list型変数nodesに格納する処理となります。次に15行目以降、while文内部で降順にソートし、末尾からふたつ要素をpopすると小さいものを取得することができます。この後親ノードを生成し、再度nodesに格納し同じ処理を繰り返すことでハフマン木が構築されます。43行目以降、構築したハフマン木をbuild_code_dict関数を使用して辞書にし、内容を確認しています。

難易度 ★★★

11-4 構文解析

11-4-1 逆ポーランド記法

第4章のスタックの活用例で構文解析について少し解説しましたが、もう少し複雑な数式の構文、**逆ポーランド記法**の解析について解説します。

通常、私たちが数式を扱う際、以下のように数字と数字の間に演算子を記述します。こういった記法を**中間記法**と呼びます。

```
1 + 2
```

演算子とは、＋－×÷等の計算を行う際の記号を指し、英語から**オペレーター**（operator）と呼ぶ場合もあります。また、演算される数字のことを、**被演算子**もしくは英語から**オペランド**（operand）と呼びます。

上の例では+が演算子、1と2が被演算子となります。

一方、逆ポーランド記法では「1番目の被演算子　2番目の被演算子　演算子」の順序で記述します。例えば、先ほどの数式を逆ポーランド記法で記述すると、以下のようになります。

```
1 2 +
```

値同士を並べて記述するため、どこが値の境界なのか明確になるよう、空白などの区切り記号を挟んで記述します。一見わかりづらい記法ですが、複雑な計算式であってもカッコで囲む必要がないという特徴があります*。

＊逆ポーランド記法での計算が可能な専用の電卓が存在します。

11-4-2 スタックを使用した構文解析フロー

では、具体的に逆ポーランド記法の構文を解析するアルゴリズムについて解説します。大まかには以下のようなフローとなります。

1. あらかじめスタックを用意します。
2. 次に、与えられたデータの先頭からひとつずつデータを参照します。
   2.1. 参照したデータが演算子以外の場合は、スタックに挿入します。
   2.2. 参照したデータが演算子の場合、これまでスタックに挿入したデータをふたつ取り出し演算し、結果をスタックに挿入します。
3. ループを抜けたら、スタックから値を取り出すとこれが計算結果となります。

では具体例を見てみましょう。以下のような、逆ポーランド記法で記述されたテキストがあったとします。

```
3 7 + 2 5 - *
```

まず、3を参照します。演算子ではないのでスタックに挿入します。

```
[3]
```

次は7です。やはり演算子ではないのでスタックに挿入します。

```
[3, 7]
```

次は+です。+は演算子なので、スタックからふたつ取り出して演算を行います。

```
3 + 7 = 10
```

結果をスタックに挿入します。

```
[10]
```

次に2、5となります。演算子ではないのでスタックに挿入します。

```
[10, 2, 5]
```

その次が-、つまり演算子であるためスタックからふたつ取り出して演算を行い、結果をスタックに挿入します。

```
2 - 5 = -3
[10, -3]
```

最後は演算子*となるので、やはりスタックからふたつ取り出して演算を行い、結果をスタックに挿入します。

```
10 * -3 = -30
[-30]
```

このようにして、スタックへの挿入と取り出す処理だけで計算処理が可能となります。

11-4-3 逆ポーランド記法の解析の実装

準備

ここまでの解説で、処理の流れは理解できたかと思います。ここから、Pythonで逆ポーランド記法の解析の実装をしたいところですが、その前にいくつか補足をします。

list によるスタックの表現

第4章の復習になりますが、スタックは簡潔に記述するためlist型のappendとpopを使用することにします。

メソッド	スタックの処理
append（末尾にデータを追加する）	push（データの追加）
pop（末尾からデータを取り出す）	pop（データを取り出す）

eval 関数 数式列の評価

組み込み関数のeval関数を使用すると、文字列表現された数式やコードを実行して結果を得ることが可能です。例えば、以下のコードはtextに格納されたコードprint('こんにちは')が実行されます。

11

コード 11-15

```
text = "print('こんにちは')"
eval(text)
```

実行すると以下のように表示されます。

実行結果

```
こんにちは
```

数式を記述するとその結果を得ることが可能です。例えば、以下のコードはtextに格納されたコード3 + 4が実行されます。

コード 11-16

```
text = "3 + 4"
x = eval(text)
print(x)
```

実行すると結果の7が得られます。

実行結果

```
7
```

実装

前置きが少し長くなりましたが、それでは実装してみましょう。以下は、逆ポーランド記法で記述された文字列の解析を行うPythonのコード例です。

コード 11-17

```
def my_rpn(rpn_text):
    # 計算用のスタックを初期化
    my_stack = []

    # スペース区切りでリストに変換する
    data_list = rpn_text.split(" ")

    for x in data_list:

        # 途中結果の確認
        print(x, my_stack)

        # ひとつずつ処理を行う
        if x not in ["+", "-", "*", "+"]:
            # 演算子以外の場合はスタックに挿入する
            my_stack.append(x)
        else:
            # 演算子の場合はスタックからふたつ被演算子を取り出して計算を行う
            operand2 = my_stack.pop()
            operand1 = my_stack.pop()
            operator = x
            calc_text = str(operand1) + operator + str(operand2)
            result = eval(calc_text)

            # 計算結果をスタックに挿入する
            my_stack.append(result)

    # 結果を取り出して表示する
    result = my_stack.pop()
    print(result)


my_rpn("3 7 + 2 5 - *")
```

my_rpn関数は、引数で指定された逆ポーランド記法の構文を解析して計算を行い、結果をprintで表示します。まず、処理の頭で前述のとおり計算用のスタックを用意します。次に、スペースを区切り文字としてリストに変換します。リストの先頭から順に解析を行うため、ループを使用します。先ほどの解説とほぼ同様で、演算子以外の場合はスタックに挿入、演算子の場合はスタックから取り出して計算を行い結果をスタックに格納する、という処理を繰り返します。1点注意ですが、evalで評価した結果は数値となるため、計算式を組み立てる22行目の処理ではstr関数を使用して文字列に変換する必要があります。ループを抜けるとスタックに結果が格納された状態になるため、これを取り出して表示して処理は終了です。

実行すると、以下のように構文から取り出した数式とスタックの様子を確認することができます。

実行結果

```
3 []
7 ['3']
+ ['3', '7']
2 [10]
5 [10, '2']
- [10, '2', '5']
* [10, -3]
-30
```

難易度 ★★★

11-5 乱数

じゃんけんゲームを実装する場合について考えてみます。次の手が予測できない状態を作り出す場合、どうすれば良いでしょうか？　こういった場合、**乱数**が活躍します。乱数とは規則性のない数字や数列を指します。以下のコードは、標準ライブラリのrandomモジュールを使用したじゃんけんゲームの例です。実行すると、ランダムにグーチョキパーのいずれかを表示します。

コード11-18

```
from random import random

print('じゃんけん...')

r_num = random()
if r_num < 1 / 3:
    print('グー')
elif 1 / 3 <= r_num < 2 / 3:
    print('チョキ')
elif 2 / 3 <= r_num:
    print('パー')
```

では、こういった乱数はどうやって生成しているのでしょうか？

11-5-1 擬似乱数

乱数の定義として「規則性がなく予測不可能」という特徴があります。ところが、実はソフトウェアだけではこういった本来の乱数を生成することはできないため、計算から一見規則性がない数を生成します。あくまでも規則性がないように見えるだけなので、こういった計算アルゴリズムで生成された乱数を、**擬似乱数**と呼びます。先ほどのサンプルで使用したPythonの`random`は、擬似乱数の一種です。擬似乱数を生成するアルゴリズムにはさまざまなものが考案されているのですが、ここでは**線形合同法**という初歩的な乱数生成器を解説します。

なお、コンピューターで使用できる乱数は、擬似乱数以外に電気ノイズなどの予測が困難な物理的観測値から生成される乱数があり、これを**ハードウェア乱数**と呼びます。

11-5-2 線形合同法

線形合同法は、以下の漸化式で与えられます。ただし、A、B、Mは定数とし、$M>A$、$M>B$、$A>0$、$B \geqq 0$とします。

$$X_{n+1} = (A \times X_n + B) \ mod \ M$$

例えば、$M=11$、$A=2$、$B=7$とし、初項$X_0=8$として線形合同法で3回漸化式を計算すると、以下のような3つの擬似乱数を得ることができます。

- $X_1 = (2 \times 8 + 7) \ mod \ 11 = 23 \ mod \ 11 = 1$
- $X_2 = (2 \times 1 + 7) \ mod \ 11 = 9 \ mod \ 11 = 9$
- $X_3 = (2 \times 9 + 7) \ mod \ 11 = 25 \ mod \ 11 = 3$

なお、こういった擬似乱数生成における初項を生成の素となることから、**乱数シード**（種）と呼ぶことがあります。

では、この数式を実装してみましょう。

コード 11-19

```
def my_lcg(M, A, B, x0, N):
    x = x0
    for i in range(N):
        x = (A * x + B) % M
        print(x)


my_lcg(11, 2, 7, 8, 3)
```

11

実行すると、先ほどの机上での計算結果を得ることができます。

実行結果
```
1
9
3
```

my_lcg関数は、引数で先ほどの漸化式M、A、Bと初項x0に加え、生成回数のNを指定します。指定された条件に基づき線形合同法で乱数を求め、print関数で結果を表示します。なお関数名のmy_lcgは、英語のLinear congruential generatorsの頭文字を採用しています。

M、A、B、x0の値をいろいろ変えて実行してみてください。いくつかの数の組み合わせでは容易に法則性を見つけることができ、「あまりいい乱数列ではない」ということが確認できます。極端な例となりますが、例えば、以下のようにシードを2にするとすべて2となり乱数としての用を成しません。

```
my_lcg(11, 3, 7, 2, 3)
```

実行結果
```
2
2
2
```

近年の擬似乱数生成器としては、**メルセンヌツイスタ**と呼ばれるアルゴリズムがよく使用されています。擬似乱数には何らかの周期性があるのですが、この周期性が短いと簡単に次の値の予測ができてしまいます。メルセンヌツイスタはこの周期が非常に長く、さらに分布の性質やパフォーマンスも良好であることから広く使用されています。実際、冒頭のじゃんけんゲームで使用したPythonのrandomモジュールもこのアルゴリズムが使用されているほか、Ruby、PHPなどで標準の乱数ライブラリにも採用されています。

難易度 ★☆☆

11-6 動的計画法

11-6-1 フィボナッチ数列と動的計画法

アルゴリズムの設計で重要な考え方として、**動的計画法**というものがあります。明確な定義があるわけではないのですが、ひとつの問題を解くために同じ部分問題を繰り返し解くような場合、その部分問題の解を一次保存して再利用する、という方法です。比較的簡単な例として、フィボナッチ数列を実装する場合について解説します。**フィボナッチ数列**とは、以下の漸化式で定義される数列です。

$F_0 = 0$
$F_1 = 1$
$F_{n+2} = F_n + F_{n+1}$　($n \geqq 0$の場合)

例えばF_4を求める場合、F_3、F_2を求める必要があります。本書ではこのF_3、F_2を求めることを、F_4を求めるための部分問題と呼ぶことにします。定義どおりにPythonコードを実装すると、一例として以下のようなコードが考えられます。

コード 11-20

```
def fib(n):
    if n == 0:
        return 0
    elif n == 1:
        return 1
    else:
        return fib(n - 1) + fib(n - 2)

val = fib(4)
print(val)
```

実際に動かしてみると、以下のとおり$F_2=0+1=1$、$F_3=1+1=2$、$F_4=2+1=3$なので正しい結果を得られていることが確認できます。

実行結果

```
3
```

一見何の問題もないように見えるこのアルゴリズムの実装ですが、非常に効率が悪い実装になっています。以下のように、少しコードを変えて再帰処理が呼び出される様子を観察してみましょう。

コード 11-21

```
def fib(n):
    # 関数の冒頭に以下を追加
    print("n =", n, "の計算を開始します")
    ⋮
```

実行すると、以下のように同じ引数で何度も関数が呼び出されていることが確認できます。

実行結果

```
n = 4 の計算を開始します
n = 3 の計算を開始します
n = 2 の計算を開始します
n = 1 の計算を開始します
n = 0 の計算を開始します
n = 1 の計算を開始します
n = 2 の計算を開始します
n = 1 の計算を開始します
n = 0 の計算を開始します
3
```

つまり、このPythonの実装は、次ページの図のように再帰的に呼び出しが行われ、`n = 4`を計算するために部分問題の`n = 3`、`n = 2`を実行、`n = 3`を計算するために部分問題`n = 2`、`n = 1`を実行、`n = 2`を計算するために部分問題の`n = 1`を実行、といった呼び出しが行われます。

図 11-11

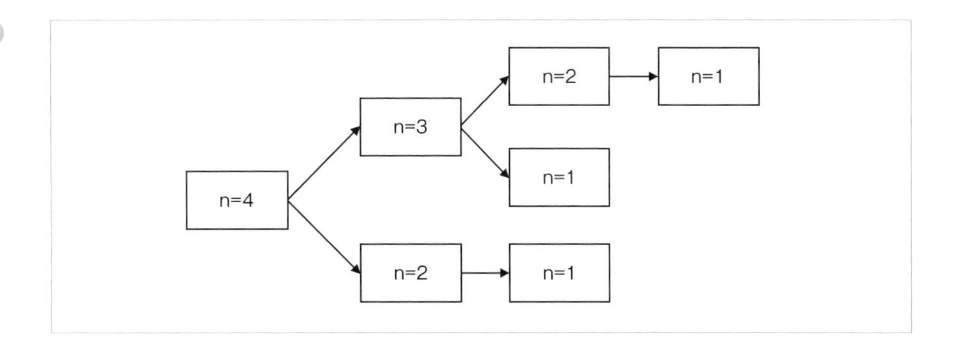

第1章で解説したとおり、再帰処理は漸化式を簡単に実装できる場合が多く相性がいいのですが、このように無駄な計算が多く発生する場合もあります。こういった同じ処理が何回も呼び出されるような再帰処理は、前述の動的計画法で改善することができます。また、動的計画法には、トップダウンとボトムアップと呼ばれるふたつのアプローチがあります。

11-6-2 トップダウン

ひとつ目は、先ほどの処理と同様に、n = 4から順に処理を行う方法です。トップダウンと呼ばれることがあります。この際、一度実行した部分問題を解く関数の実行結果を適当な領域に保存し、計算済みの場合はそちらを参照するようにします。今回は、モジュール変数のmemoに計算済みの結果を格納することにします。

コード 11-22

```
memo = {0: 0, 1: 1}


def fib_td(n):
    value = memo.get(n)
    if value is None:
        # メモになければ計算する
        print("n =", n, "の計算を実行しました")
        value = fib_td(n - 1) + fib_td(n - 2)
        # メモに格納する
        memo[n] = value
```

```
    return value


print(fib_td(4))
```

先ほどのコードと同様、F_4からF_3、F_2と計算を行うため、関数の呼び出し回数は同じなのですが、計算済みであればスキップされるため、計算処理自体は少なく済んでいることが確認できます。

実行結果

```
n = 4 の計算を実行しました
n = 3 の計算を実行しました
n = 2 の計算を実行しました
3
```

なお、このようなトップダウンでの再帰呼び出しで部分問題の結果を一次保存する方法は、**メモ化**と呼ばれる場合もあります。

11-6-3 ボトムアップ

もうひとつの方法**ボトムアップ**は、あらかじめ必要となるものを先に計算しておき、データを保存してそれを使用する、という方法で処理順自体を改善します。

コード 11-23

```
def fib_bu(n):
    # ボトムアップ方式
    # fib(n - 1) と fib(n - 2) を先に計算しておいた上でfib(n) を計算
    memo = [0, 1]
    i = 2
    while i <= n:
        print("n =", i, "の計算を実行しました")
        memo.append(memo[i - 1] + memo[i - 2])
        i += 1

    return memo[n]


print(fib_bu(4))
```

このコードでは、i番目の項を計算するため、先にそれ以前の項の計算を先に行うよう工夫しています。実行すると、計算回数が少なく正しい結果を得られることが確認できます。

実行結果

```
n = 2 の計算を実行しました
n = 3 の計算を実行しました
n = 4 の計算を実行しました
3
```

章末問題

Q1 以下のコードは、引数で指定した10進数の正の整数を2進数の文字列にして表示する関数である。

コード 11-24

```
def digit_to_bin(digits):
    divided = digits
    result = []
    while divided:
        mod = divided % 2
        【 ① 】
        divided = divided // 2

    print("".join(result))
```

空欄①に入れる正しい答えはどれか。

ア： result.append(str(mod))
イ： result.insert(0, str(mod))
ウ： result.append(0, str(mod))
エ： result.insert(-1, str(mod))

Q2 データの圧縮について正しく述べたものは次のうちどれか。

ア： ランレングス圧縮は、さまざまなコンピューターシステムで使用される主流の圧縮方法である
イ： ハフマン符号化で圧縮する場合、二分探索木を使用して符号化を行う
ウ： ハフマン符号化で圧縮する場合、出現頻度の高いデータに小さなビット列を、出現頻度の低いデータには大きいビット列を割り当てて符号化を行う
エ： ハフマン符号化で圧縮すると、区切り文字がないため展開に失敗する場合がある

Q3 逆ポーランド記法で記された以下の式の計算結果として、正しいものは次のうちどれか。

```
2 9 - 3 3 + *
```

ア： 13
イ： 17
ウ： -42
エ： 44

Q4 以下は線形合同法で乱数を求めるコードである。

コード 11-25

```
def my_lcg(M, A, B, x0, N):
    x = x0
    for i in range(N):
        x = (A * x + B) % M
        print(x)


my_lcg(17, 5, 8, 18, 3)
```

実行すると以下の結果が得られた。空欄①に入れる正しい答えはどれか。

実行結果

```
 13
【 ① 】
 16
```

ア： 4
イ： 5
ウ： 6
エ： 7

Q5 以下はフィボナッチ数列を求めるコードである。途中の計算結果を再利用できるよう変数memoに保存している。

コード11-26

```
memo = {0: 0, 1: 1}


def fib_td(n):

    value = 【 ① 】
    if value is None:
        value = fib_td(n - 1) + fib_td(n - 2)
        memo[n] = 【 ② 】

    return value
```

空欄①、②に入る適切なコードは次のうちどれか。

ア：　①0　②value

イ：　①memo.get(n)　②value

ウ：　①memo.get(n + 1)　②value

エ：　①memo.get(n)　②memo.get(n + 1)

付録

本書の解説で使用した文法についての補足説明と、
実行時間、メモリ使用量の計測方法について補足
します。

A-1 文法に関する補足

スライス構文、ジェネレーターに加え、第11章で使用した独自クラスの比較演算について解説します。

A-1-1 スライス構文

スライス構文とはlist型変数のようなシーケンスと呼ばれる変数に対し、指定した範囲を取得することができる書き方です。基本的には、以下の構文のとおり取得したい部分の開始位置、終了位置、ステップを指定します。終了位置については、指定したインデックスのひとつ手前となる点に注意してください。

構文	意味
list 型変数 [start:stop]	インデックスが start 番目から stop 番目の直前の範囲の要素の list 型変数
list 型変数 [start:stop:step]	インデックスが start 番目から stop 番目の直前の範囲のうち step 飛ばしの要素の list 型変数

以下のコードでは、0 ～ 10の数字が格納されたlist型変数で、スライス構文でlist型変数の一部を取り出しています。

コード A-1

```
l = [0, 1, 2, 3, 4, 5, 6, 7, 8, 9, 10]
print(l[0:3])        # 0番目から2番目まで
print(l[4:5])        # 4番目のみ
print(l[0:11:2])     # 0番目から10番目までふたつ飛ばしで
```

実行結果

```
[0, 1, 2]
[4]
[0, 2, 4, 6, 8, 10]
```

ただし、インデックスを省略したりマイナスを使用して後方から指定したりすることもでき、同じ範囲でも書き方にいくつかバリエーションが存在します。

インデックスの省略

開始位置が0番目や終了位置が末尾の場合は、インデックスの記述を省略することができます。例えば、list型変数の最初から最後までふたつおきに要素を取得する場合、以下のコードの`l1`～`l4`いずれも要素は同じとなります。

コードA-2

```
l = [0, 1, 2, 3, 4, 5, 6, 7, 8, 9, 10]

# 以下、いずれも[0, 2, 4, 6, 8, 10]
l1 = l[0:11:2]
l2 = l[:11:2]
l3 = l[0::2]
l4 = l[::2]

print(l1)
print(l2)
print(l3)
print(l4)
```

実行結果

```
[0, 2, 4, 6, 8, 10]
[0, 2, 4, 6, 8, 10]
[0, 2, 4, 6, 8, 10]
[0, 2, 4, 6, 8, 10]
```

インデックスのマイナス表記

また、インデックスの後方からマイナスで指定することもできます。例えば、末尾のインデックスは-1で表すことができるため、インデックスが10まであるlist

型変数について、以下l1、l2のふたつのスライス構文は、どちらも0番目から9番目までの要素が取得できます。

コードA-3

```
l = [0, 1, 2, 3, 4, 5, 6, 7, 8, 9, 10]

# 以下、どちらも[0, 1, 2, 3, 4, 5, 6, 7, 8, 9]
l1 = l[0:10]
l2 = l[0:-1]
print(l1)
print(l2)
```

実行結果

```
[0, 1, 2, 3, 4, 5, 6, 7, 8, 9]
[0, 1, 2, 3, 4, 5, 6, 7, 8, 9]
```

A-1-2 ジェネレーター

関数内でyield文を使用すると、その位置で処理をいったん中断して値を返すことができ、その後必要に応じて処理を再開することができます。

コードA-4

```
from time import sleep


def sample_generator():
    print("処理開始")
    yield 'おはよう'
    print("処理再開")
    yield 'こんにちは'
    print("処理再開")
    yield 'こんばんは'


gen_obj = sample_generator()
print(next(gen_obj))
sleep(1)
print(next(gen_obj))
sleep(1)
print(next(gen_obj))
```

実行結果

```
処理開始
おはよう
処理再開
こんにちは
処理再開
こんばんは
```

nextで呼ばれるまで実行が中断されていることが確認できます。このように、yield文で値を返す関数を**ジェネレーター**と呼びます。また、nextを使わずにfor文で次々と値を得ることもできます。

コード A-5

```
def sample_generator():
    yield 'おはよう'
    yield 'こんにちは'
    yield 'こんばんは'

gen_obj = sample_generator()
for text in gen_obj:
    print(text)
```

実行結果

```
おはよう
こんにちは
こんばんは
```

第2章でも解説しましたが、ループごとの結果を返すような関数の場合、list型変数のようなものでまとめて返すのではなく、ジェネレーターからfor文で取り出すことによりメモリ使用量を減らすことができます。

A-1-3 独自クラスの比較演算

Pythonで独自クラスを実装する際、**特殊メソッド**と呼ばれるメソッドのうちのいくつかを使用すると、独自に定義した比較演算を使用できるようになります。

メソッド	使用できる演算子
`__eq__(self, other)`	等価演算子（==）
`__ne__(self, other)`	不等価演算子（!=）
`__lt__(self, other)`	小なり演算子（<）
`__gt__(self, other)`	大なり演算子（>）
`__le__(self, other)`	等号付き小なり演算子（<=）
`__ge__(self, other)`	等号付き大なり演算子（>=）

例えば、以下のコードでは第1章のクラスの解説で使用した平面座標の1点を表すクラスに対し、`__lt__`を使用して原点からの距離に基づいた大小関係を定義しています。

コード A-6

```
class Cood:
    def __init__(self, x, y):
        self.x = x
        self.y = y

    def __str__(self):
        return "({x}, {y})".format(x=self.x, y=self.y)

    def __lt__(self, other):
        norm1 = (self.x ** 2 + self.y ** 2)
        norm2 = (other.x ** 2 + other.y ** 2)
        return norm1 < norm2


x = Cood(100, 200)
y = Cood(10, 20)
print(x < y)
```

コードの解説です。17行目の`x < y`を実行すると`x.__lt__(y)`が呼び出されます。10行目で自身の原点からの距離の2乗を、11行目で比較対象となるオブジェクトの原点からの距離の2乗を求め、このふたつの数値の比較結果を返しています。実行すると、以下のとおり不等号で比較でき、その結果が得られるようになりました。

実行結果

```
False
```

また、`__lt__`と`__gt__`は処理としては対称となり、`__lt__`のみを実装している場合は`x > y`を実行すると`y.__lt__(x)`が呼び出されるため、大なり演算子も使用することができます。

特殊メソッドを使用すると、比較演算以外に加減乗除などの演算も定義することができます。詳しくは参考文献［18］の「3.3.8. 数値型をエミュレートする」を参照してください。

A-2 処理時間の計測

Pythonの標準ライブラリには、処理時間を計測するさまざまなモジュールがあります。使用方法について簡単に紹介します。

A-2-1 perf_counter と process_time

timeモジュールのperf_counterとprocess_timeを使用すると、それぞれ実際にかかった処理時間とCPUの処理時間を求めることができます。

perf_counter

計測したい箇所の前後でtimeモジュールの**perf_counter関数**を実行し、それらの差を求めることで実際にかかった処理時間を秒で得ることができます。例えば、以下のコードでは、4行目と10行目の間の処理の実行時間を計測し、その結果を最後の行で出力しています。

コード A-7

```
import time

# 開始
start_time = time.perf_counter()

# ダミー処理
time.sleep(1)

# 終了
end_time = time.perf_counter()
```

```
# 経過時間を出力(秒)
elapsed_time = end_time - start_time
print(elapsed_time)
```

実行すると、実際にかかった時間が表示されます。

実行結果

```
1.0049569999682717
```

process_time

また、timeモジュールのprocess_time関数を使用すると、CPUの処理時間を求めることが可能です。先ほどと同様、計測したい箇所の前後でprocess_time関数を実行し、それらの差を求めます。以下のコードは、先ほどのコードをperf_counterからprocess_timeに書き換えたものです。

コードA-8

```
import time

# 開始
start_time = time.process_time()

# ダミー処理
time.sleep(1)

# 終了
end_time = time.process_time()

# 経過時間を出力(秒)
elapsed_time = end_time - start_time
print(elapsed_time)
```

sleepした時間はCPUが使用されないため、結果の時間に計上されていないことが確認できます。なお、結果の表示桁数や形式は実行環境により異なる場合があります。

実行結果

```
0.002133000000000003
```

本書で紹介したコードは基本的なものが多いため、ディスクやネットワークを使用することはありませんでしたが、複雑なアルゴリズムを実装する場合はこれらの外部リソースを使用することが多くあります。こういった場合の計測では、CPUだけではなく外部リソースの入出力に時間がかかっているかどうかも気にする必要があります。CPUと入出力、どちらで時間を要しているのかを判別したい場合は、perf_counterとprocess_time両方で計測して値を比較してください。処理時間が長くてもCPU処理時間が短い場合は、外部リソースへのアクセスに時間を要しているということになります。

A-2-2 timeit

timeitは、引数に計測したい処理を文字列で指定すると、指定回数実行した場合の処理時間を得ることができます。

書式

```
timeit.timeit('処理の文字列')
```

また、下記のとおり処理回数やタイマーの種類を指定することができます。

- globals：　コードを実行する名前空間の情報をdict型で指定します。基本的には組み込みのglobals関数の戻り値を指定します。
- number：　実行回数を指定します。デフォルトは1,000,000回なので、指定しない場合はそれなりに時間を要することになります。
- timer：　タイマーの種類を指定します。デフォルトではtime.perf_counterが指定されます。time.process_timeを指定すると、先ほどの説明のとおり、sleep時間やI/Oアクセスといった CPUを使用しない時間は除外されます。

次ページのコードは、timeitを使用して関数の実行時間を計測しています。

コード A-9

```
import timeit


def my_calc(n, m):
    """ 計測対象関数 """
    for i in range(n):
        x = i ** m


elapsed_time = timeit.timeit('my_calc(10000, 3)', globals=globals(), number=1000)
print(elapsed_time)
```

10行目でmy_calc関数を1000回実行して、実際にかかった処理時間を計測しています。実行すると、以下のとおり実行時間が表示されます。

実行結果

```
1.9756874999729916
```

プロファイラ

コードを実際に実行し、処理時間等情報を収集するツールのことを**プロファイラ**と呼びます。ある程度大きなコードでボトルネックを探す場合、まず関数単位で処理の遅い箇所を特定するためにプロファイラを使用し、その後詳細な調査が必要であれば先ほど紹介したperf_counterとprocess_timeのようなものを使用する、という流れが多いかと思います。Pythonの標準ライブラリにはcProfileというモジュールがあり、コマンドラインで以下のように実行すると収集された情報を得ることができます。

書式

```
python -m cProfile -s cumtime <Pythonファイル名>
```

あるコードを実行すると、例えば次ページのような結果が出力されます。

実行結果

```
6 function calls in 0.268 seconds

   Ordered by: cumulative time

   ncalls  tottime  percall  cumtime  percall filename:lineno(function)
        1    0.000    0.000    0.268    0.268 {built-in method builtins.exec}
        1    0.000    0.000    0.268    0.268 sample.py:1(<module>)
        1    0.000    0.000    0.268    0.268 sample.py:11(main)
        1    0.206    0.206    0.206    0.206 sample.py:1(calc_mass1)
        1    0.062    0.062    0.062    0.062 sample.py:6(calc_mass2)
        1    0.000    0.000    0.000    0.000 {method 'disable' of '_lsprof.Profiler'
 objects}
```

出力される項目のそれぞれの内容は、以下のとおりです。

ncalls	呼び出し回数
tottime	実行時間（内部で呼び出した関数の実行時間を除く）
percall	tottime を ncalls で割った値
cumtime	実行時間（内部で呼び出した関数の実行時間を含める）
percall	cumtime を再帰呼び出しを除く呼び出し回数で割った値
filename:lineno(function)	関数のファイル名、行番号、関数名

A-3 メモリ使用量の計測

標準ライブラリのtracemallocモジュールを使用すると、特定の時点のメモリ使用量を調べることができます。基本的にはtracemalloc.start()を実行後、メモリ使用量を知りたいタイミングでtracemalloc.take_snapshot()を実行すると､戻り値にその時点でのメモリ使用量のスナップショットを得ることができます。

コード A-10

```
import tracemalloc

tracemalloc.start()

# list型変数をふたつ生成
list1 = [x + x for x in range(10000)]
list2 = [x * x for x in range(1000)]

# メモリ使用状況のスナップショットを取得
snapshot = tracemalloc.take_snapshot()

# 結果を行番号とともに上位10件出力
stats = snapshot.statistics('lineno')
for stat in stats[:10]:
    print(stat)
```

実行すると、以下のようにメモリが割り当てられた箇所の行番号とサイズが表示されます。

実行結果

```
sample.py:6: size=392 KiB, count=9873, average=41 B
sample.py:7: size=39.3 KiB, count=984, average=41 B
```

A-4 参考文献

No	参考文献	URL
1	C 言語によるはじめての アルゴリズム入門 (河西朝雄著、技術評論社)	https://gihyo.jp/book/2017/978-4-7741-9373-1
2	世界標準 MIT 教科書 アルゴリズムイントロダクション 第３版　第１巻（近代科学社）	https://www.kindaikagaku.co.jp/book_list/detail/9784764904064/
3	新・明解 Python で学ぶ アルゴリズムとデータ構造 (柴田望洋著、SB クリエイティブ)	https://www.bohyoh.com/Books/NewMeikaiPythonAlgorithm/index.html
4	閏年	https://ja.wikipedia.org/wiki/%E9%96%8F%E5%B9%B4
5	Python 3.11.6 documentation queue - A synchronized queue class	https://docs.python.org/3/library/queue.html
6	Shellsort	https://en.wikipedia.org/wiki/Shellsort
7	Quicksort in Python	https://towardsdatascience.com/quicksort-in-python-dbefa7dcf9cc
8	Python 3.11.6 documentation Sorting HOW TO	https://docs.python.org/3/howto/sorting.html
9	GitHub python/cpython dictobject.c	https://github.com/python/cpython/blob/main/Objects/dictobject.c
10	Boyer-Moore string-search algorithm	https://en.wikipedia.org/wiki/Boyer%E2%80%93Moore_string-search_algorithm
11	BM 法についてわかりやすく解説	https://daeudaeu.com/c-bm-search/
12	Python Program to Multiply Two Matrices	https://www.programiz.com/python-programming/examples/multiply-matrix

13	理工系 線形代数 (水田義弘著、サイエンス社)	-
14	Guide to Dijkstra's Algorithm in Python	https://builtin.com/software-engineering-perspectives/dijkstras-algorithm
15	新人 SE のための「基本情報技術者」入門(矢沢久雄著、翔泳社)	-
16	Huffman Coding	https://www.geeksforgeeks.org/huffman-coding-greedy-algo-3/
17	Huffman Coding	https://www.programiz.com/dsa/huffman-coding
18	Python 3.11.6 documentation 3. Data model	https://docs.python.org/3/reference/datamodel.html
19	Python 3.11.6 documentation The Python Profilers	https://docs.python.org/ja/3/library/profile.html
20	Python 3.11.6 documentation tracemalloc	https://docs.python.org/ja/3/library/tracemalloc.html
21	あなたの使っている乱数、 大丈夫?	http://www.math.sci.hiroshima-u.ac.jp/m-mat/TEACH/ichimura-sho-koen.pdf

索引 INDEX

り

る

れ

ろ

■ 著者紹介

黒住 敬之（くろずみ・たかゆき）

信州大学大学院工学系研究科修士課程修了（位相幾何学専攻）。大学院卒業後、都内のSIerに勤務、業務システムの開発を行う。現在はEC企業のシステム開発部門に所属、Pythonを使用したシステム開発業務に従事。また、個人でもシステム開発やデータ分析業務等を受託。アイティーアールディーラボ代表。

● 装丁　石間 淳
● カバーイラスト　花山 由理
● 本文デザイン　BUCH+
● 本文レイアウト　原 真一朗
● レビュー　杉野 健太郎
● 執筆協力　坂本 絢華
　仲摩 剛

新・標準プログラマーズライブラリ
Pythonで学ぶ
アルゴリズムとデータ構造 徹底理解

2024年3月23日　初版　第1刷発行

著　者　黒住　敬之
発行者　片岡　巌
発行所　株式会社技術評論社
　東京都新宿区市谷左内町21-13
　電話　03-3513-6150　販売促進部
　　　　03-3513-6166　書籍編集部
印刷／製本　図書印刷株式会社

定価はカバーに表示してあります。

ISBN978-4-297-14057-1　C3055
Printed in Japan

本書に関するご質問については、本書に記載されている内容に関するもののみとさせていただきます。本書の内容を超えるものや、本書の内容と関係のないご質問につきましては、一切お答えできませんので、あらかじめご了承ください。また、電話でのご質問は受け付けておりませんので、ウェブの質問フォームにてお送りください。封書もしくはFAXでも受け付けております。
本書に掲載されている内容に関して、各種の変更などの開発・カスタマイズは必ずご自身で行ってください。弊社および著者は、開発・カスタマイズは代行いたしません。
ご質問の際に記載いただいた個人情報は、質問の返答以外の目的には使用いたしません。また、質問の返答後は速やかに削除させていただきます。

● ウェブ
https://gihyo.jp/book/2024/978-4-297-14057-1
※本書内容の訂正・補足についてもウェブで行っています。あわせてご活用ください。

● FAXまたは書面の宛先
〒162-0846　東京都新宿区市谷左内町21-13
株式会社技術評論社　書籍編集部
「Pythonで学ぶ アルゴリズムとデータ構造 徹底理解」係
FAX：03-3513-6183